U0177764

中国经济文库

理论经济学精品系列（二）

本书得到广东省自然科学基金项目“海洋战略性新兴产业的产学研合作创新网络研究——以我国海洋生物医药产业为例”（2018A030310682）的资助

海洋战略性新兴产业的产学研合作创新：特征、机制及影响

Industry – University – Research Institute Collaborative Innovation in Marine Strategic Emerging Industries: Features, Mechanisms and Effects

张　艺◎著

北 京

图书在版编目（CIP）数据

海洋战略性新兴产业的产学研合作创新：特征、机制及影响/张艺著．—北京：中国经济出版社，2020．6

ISBN 978-7-5136-6176-8

Ⅰ．①海… Ⅱ．①张… Ⅲ．①海洋开发—新兴产业—产学研一体化—研究—中国 Ⅳ．①P74

中国版本图书馆 CIP 数据核字（2020）第 090553 号

责任编辑　叶亲忠
责任印制　马小宾
封面设计　华子图文

出版发行　中国经济出版社
印 刷 者　北京建宏印刷有限公司
经 销 者　各地新华书店
开　　本　710mm×1000mm　1/16
印　　张　11
字　　数　125 千字
版　　次　2020 年 6 月第 1 版
印　　次　2020 年 6 月第 1 次
定　　价　48.00 元
广告经营许可证　京西工商广字第 8179 号

中国经济出版社　**网址** www.economyph.com　**社址** 北京市东城区安定门外大街 58 号　**邮编** 100011

本版图书如存在印装质量问题，请与本社销售中心联系调换（联系电话：010-57512564）

前言 PREFACE

当前，我国正处于建设海洋强国的新时代。在实现从海洋大国到海洋强国的跨越过程中，必须发挥科技创新的支撑引领作用，加快从要素驱动发展向创新驱动发展模式的转变，以实现海洋经济的高质量发展。在此背景下，如何推动涉海产业部门、高校、科研院所等创新主体加强协同创新（简称：产学研合作创新），推动技术创新资源的优化配置，加快海洋科技创新步伐，以推动我国海洋战略性新兴产业实现突破性发展，这不仅是当今我国“建设海洋强国”的关键和要害，也是学术界致力推进的重要研究课题。

通过对现有文献梳理，发现国外学者虽然关注了海洋战略性新兴产业的相关议题并展开系列研究，但是较少对该领域的科技创新问题展开深入研究。近年来，国内学者开始探究海洋战略性新兴产业的产学研合作创新相关议题，但是整体上研究成果仍然不够丰富，尚未发现有相关研究对高校、科研院所（简称：学研机构）与产业部门在海洋战略性新兴产业领域的合作特征、运行机制以及它们相互合作所形成的网络关系如何影响到协同创新绩效的实现等重要议题展开系统分析，而该议题的研究在当今我国建设海洋强国的背景下显得非常迫切而重要。为了弥补现有研究的不足，本书采取实证分析与理论研究相结合、实地调研访谈与文献查阅研究相结合、定量研究和定性分析相结合等方法，对我国海洋战略性新兴产业的产学研合作创新的特征、机制及影响展开系统研究。

首先，本书对国内外学者以海洋战略性新兴产业、协同创新、产学研合作（网络）为议题的相关研究进行梳理和分析。这有助于把握国内外现有研究的现状及存在的局限性，为本书后续的理论与实证研究奠定坚实的理论基础。

其次，本书以一个典型的海洋战略性新兴产业——海洋生物医药产业为研究对象，采取文献计量和基础研究竞争力指数来对海洋生物医药研究领域的整体发展状况及主要国家的基础研究竞争力进行分析，发现该研究领域已经引起了世界各国的广泛关注，尤其美国已经成为该领域的核心主体。海洋生物医药产业作为一个外延性较广的跨学科研究领域，高校和科研机构是该研究领域主力，很多研究成果发表在化学、医学和生物学的重要期刊上。此外，我国在海洋生物医药研究领域的活跃状况处于不断增强的态势，与4个标杆国家（美国、日本、西班牙和英国）的差距不断缩小；但是我国很多研究成果的影响力较低，论文发表量与被引量的匹配性（效率指数）和美国、日本、英国和西班牙等发达国家相比仍然存在着较大的差距，要追赶它们仍然有待时日。该研究发现不仅有助于把握各国在海洋战略性新兴产业的基础研究领域竞争态势以及明晰我国与海洋科技强国在该领域的差距具有重要的现实指导意义，还引出了产学研合作是推动海洋战略性新兴产业实现高质量发展的重要“抓手”的议题，为下文探讨海洋战略性新兴产业的产学研合作相关议题奠定了现实基础。

再次，本书以西方海洋强国推动海洋生物医药产业发展所采取的产学研合作模式及机制为研究样本，试图从海洋战略性新兴产业的科技创新价值链出发，理清产学研合作在海洋战略性新兴产业科技创新过程中的影响机理，通过调研比较分析，发现我国涉海类企业与学研机构在创新价值链上合作互动出现了“脱节”问题，尚未形成“创新链前端的基础研究促进后端的产业技术开发和生产经营，创新链后端进一步反哺前端”的良好态势。基于此，本书从海洋科技创新三个环节（知识产生、开发与商业化）来梳理我国海洋战略性新兴产业的产学研合作创新所存在问题并提出相应建议与对策，这为促进我国海洋战略性新兴产业实现科技创新和支撑国家“海洋强国”战略决策提供启示。

最后，本书以海洋生物医药产业为研究对象，对这个典型的海洋战略性新兴产业的产学研合作网络特征、演化历程及影响展开系统研究，发现海洋生物医药研究领域的产学研合作网络随着时间的推移而变得愈加复杂，分派现象愈加明显，而且网络平均路径长度不断增长，创新组织间的联结难度不断提升，海洋生物医药研究领域仍然处于以大学和科研院所为主导的基础研究阶段。通过回归分析发现产学研合作网络特征对创新组织的科学绩效具有显著的影响，但是创新组织在产学研合作网络中的合作广度与深度仍然处于较低水平，有待进一步提升。该研究发现不仅可以为国家推进建设“海洋强国”战略决策提供了实践和政策启示，还为学术界在未来对海洋战略性新兴产业的产学研合作模式、动因及影响效应等议题展开研究提供一定的理论启示。

总之，本书系统地研究我国海洋战略性新兴产业的产学研合作创新的特征、机制及影响。一方面，本书所开展的相关研究弥补现有文献较为缺乏分析海洋战略性新兴产业的产学研合作创新所带来的不足，从创新视角进一步丰富了海洋战略性新兴产业研究领域的理论与实证研究；另一方面，本书对涉海类高校、科研机构与企业在海洋战略性新兴产业所建立的合作关系和机制进行定性与定量分析，所得到的研究发现将对涉海类创新组织在参与产学研合作实践中如何管理和配置彼此之间的合作关系具有一定的实践指导价值。此外，基于研究发现所提出的政策建议将为支撑国家“海洋强国”战略决策提供新的依据和参考。无疑，本书具有较大的理论价值和实践指导意义。

目录 CONTENTS

图 表 目 录

图：

表：

1

绪 论

1.1 研究背景

1.1.1 实践背景

在2019年10月15日，习近平主席致2019年中国海洋经济博览会的贺信中提及“海洋是高质量发展战略要地，要加快海洋科技创新步伐，提高海洋资源开发能力，培育壮大海洋战略性新兴产业”。在当今世界各国大力发展“蓝色经济”的背景下，加快培育和发展海洋战略性新兴产业是我国为了实现“海洋强国”战略目标而做出的重大战略决策，而推动产业部门、高校、科研院所等创新主体在日益网络化的开放环境中开展多边交流与合作，以实现创新资源的优化配置，是推动我国海洋经济发展战略转型，提升国际竞争力的重要途径。我国作为一个海洋大国，如何鼓励海洋新兴企业和涉海类高校、科研院所建立起有效的产学研合作关系，以推动我国海洋战略性新兴产业实现突破性发展，是学术界致力推进的重大研究课题。因此，研究海洋战略性新兴产业的产学研合作创新的特征、机制及影响，对支撑当前国家实施“海洋强国”战略决策具有重大的理论意义和实践价值。

在2017年10月份召开的党的十九大会议上，习近平所做的十九大报告再次提出了建设成“海洋强国”的战略目标，而实现这个宏伟目标的重要抓手是推动我国海洋战略性新兴产业实现突破性发展。海洋战略性新兴产业作为战略性新兴产业的重要组成部分，其发展状况在一定程度上会影响着整体战略性新兴产业发展的成效，特别关系到在我国经济版图上具有比较优势的东部沿海地区发展方式转变和经济结构转型，同时在很大程度上决定着我国“海洋强国”建设的成败[1]。因此，海洋战略性新兴产业已被上升为我国建设海洋强国，抢占世界海洋经济竞争制高点的重要战略[2]。为了深入贯彻落实建设“海洋强国”拓展“蓝色经济空间”“一带一路”和“创新驱动发展”等战略部署，财政部、国家海洋局联合印发了《关于“十三五”期间中央财政支持开展海洋经济创新发展示范工作的通知》，决定开展海洋经济创新发展示范工作，以推动海洋新能源产业、海洋高端装备制造产业、海水综合利用产业、海洋生物产业、海洋环境产业和深海矿产产业等六大海洋战略性新兴产业实现创新集聚发展[3]。在此背景下，海洋战略性新兴产业的发展不仅是一个历史重大任务，更是一项极具有研究价值的课题[3]。

1.1.2 理论背景

经过对现有国内外相关研究进行了系统回顾与梳理，得知关于海洋战略性新兴产业的研究目前仍然处于初步探索阶段，该领域相关的研究范式及理论尚未形成[4]，这导致我国在实施“海洋强国”战略决策缺乏足够的理论依据和决策支持。所以，以海洋战略性新兴产业为题材来展开相关研究在当今的“蓝色经济”时代显得非常迫切与重要。

由于海洋战略性新兴产业是一个典型的知识和技术密集型产业，创新活动十分活跃[5]，不仅包括政府资助下的以高校和科研院所（简称：学研机构）为主体所从事的基础性研究，也包括产业部门主导下的应用技术创新[4]，决定了海洋战略性新兴产业需要通过产业部门、高校、科研院所等创新主体进行协同合作来实现技术创新资源的优化配置，加快科技成果产业化，推动海洋战略性新兴产业发展，所以产学研合作创新是推进海洋战略性新兴产业实现突破性发展的必然选择[6]。那么，我国海洋战略性新兴产业的产学研合作创新具有哪些特征？国外传统海洋强国（例如美国、英国等）的海洋战略性新兴产业的产学研合作模式与我国存在哪些差异？对我国发展海洋战略性新兴产业具有哪些启示？这些有趣而重要的议题由于缺乏深入研究而导致学术界和政策制定者对其理论认识仍然不够明晰。

值得关注的是，随着产学研合作日趋网络化，企业、高校、科研院所等创新主体越来越多地在网络化的开放环境中相互竞争和开展多边交流与合作，它们之间的合作已由早期的点对点线性模式逐步向网络集成创新模式转变[7]。产学研合作创新网络对推动海洋战略性新兴产业发展发挥着不可或缺的创新驱动作用[6]，所以有必要从社会合作网络分析视角来理解和考察产学研等组织之间合作互动模式及其对创新绩效带来的影响。但现有研究较为缺乏这种视角[8,9]，所采用的研究方法仍然以传统的逻辑推理分析为主[10]，导致学术界对学研机构与企业在海洋战略性新兴产业领域所建立起的合作网络关系仍然缺乏足够的理论认识。那么，海洋战略性新兴产业的产学研合作网络具有哪些特征？学研机构与企业在海洋战略性新兴产业领域的相互合作网络关系如何影响到协同创新绩效的实现？影响机理和作用路径是什么？这些有趣而重要的议题迄今仍然没有得到系统的研究。其实，对这些议题进行解答不仅有助于为学研机构与企业在海洋战略性新兴产业领域参与产学研合作实践过程中如何管理和协调彼此之间合作网络关系提供了实践启示，而且为政府政策制定者做出“海洋强国”战略部署和推进实施“海洋战略性新兴产业”发展决策这个日益突出而重要的实践管理问题提供了相应的理论支撑及参考。

1.2 研究议题

为了弥补现有研究较为缺乏分析海洋战略性新兴产业的产学研合作创新所带来的不足，本书拟对海洋战略性新兴产业的基础研究竞争力发展态势以及该领域的产学研合作创新的特征、机制、影响等相关议题展开系统研究。

首先，本书采取文献计量和基础研究竞争力指数，以一个典型海洋战略性新兴产业——海洋生物医药产业为研究样本，对海洋战略性新兴产业的整体发展状况及主要国家的基础研究竞争力进行系统分析，以引出产学研合作是推动海洋战略性新兴产业实现高质量发展的重要“抓手”的议题，为本书进一步探讨海洋战略性新兴产业的产学研合作创新议题奠定了基础。

其次，本书从产学研合作创新的视角去探讨海洋战略性新兴产业的科技创新问题，挖掘海洋战略性新兴产业的产学研合作创新特征，并对照分析国外海洋强国的海洋战略性新兴产业的产学研合作模式，试图从海洋战略性新兴产业的科技创新价值链出发，理清产学研合作在海洋战略性新兴产业科技创新过程中的影响机制。

最后，本书从社会网络分析视角去探讨海洋战略性新兴产业的产学研合作创新问题，以一个典型的海洋战略性新兴产业——海洋生物医药产业为研究对象，对该领域的产学研合作网络特征、演化历程及影响展开了系统研究。

总之，本书对海洋战略性新兴产业科技创新现状以及该领域开展产学研合作紧迫性和影响机理等议题进行了系统研究。因此，本书对丰富海洋战略性新兴产业领域的理论与实证研究、产学研合作理论研究和支撑国家政府推动海洋战略性新兴产业的产学研合作而实施相关决策均具有较大的理论价值和实践指导意义。

1.3 研究方案

1.3.1 研究问题和目标

（1）充分把握海洋战略性新兴产业的基础研究发展态势及主要国家的基础研究竞争力，明晰我国基础研究竞争力与西方海洋强国在该领域所存在差距，为我国寻求通过加强产学研合作来改变行业技术严重依赖外国，摆脱“高端产业，低端技术”的发展模式提供依据和决策支持。

（2）基于中国独特的创新系统背景下，明晰我国海洋战略性新兴产业的产学研合作结构特征，寻找适合该产业特征的产学研合作创新模式；同时，探究该领域产学研合作在相关产业政策影响下的演进路径，为支撑国家“海洋强国”战略决策提供理论依据和决策支持。

（3）理清我国海洋战略性新兴产业的产学研合作创新机制及影响路径，把握产学研合作创新所存在问题，并基于此提出有效的应对策略及建议，为促进我国海洋战略性新兴产业的科技创新和支撑国家“海洋强国”战略决策提供重要的实践启示。

1.3.2 研究方法

（1）文献研究法：为了全面把握海洋战略性新兴产业的产学研合作特征及影响机理等相关研究，需要广泛阅读和梳理相关的文献资料，特别是创新管理领域的顶级期刊（如 *Research Policy*、*Technovation* 等）、组织创新合作研究领域的顶级期刊（如 *Organization Science*、*Management Science* 等）以及 *EBSCO*、*ScienceDirect*、*Web of Science* 等数据库论文和相关领域的经典论述。为了确保研究更加贴合我国海洋战略性新兴产业的实践情境，本研究还长期跟踪和检索梳理中国知网（*CNKI*）数据库的相关期刊文献。通过阅读、分类、归纳和总结相关领域研究的研究脉络，并以此为基础，进一步提出和构建本研究的概念模型。

（2）调研访谈及案例研究法：本书核心问题是明晰我国海洋战略性新兴产业的产学研合作特征、机制及其与活动主体创新绩效之间的影响机理。鉴于此，本书在对现有文献梳理研究的基础上，以海洋生物医药领域参与产学研合作联盟的企业、高校与科研院所为目标，寻找合适的研究样本，选取海洋生物医药领域参与产学研合作的组织机构，特别是各个参与主体的高级管理人员、项目负责人、产学研合作项目管理人员等为对象进行调研与访谈，并采用案例分析方法，选择海洋生物医药领域多个典型的产学研合作模式开展探索性案例分析，挖掘创新主体之间协同合作机理等议题，为理论分析框架的搭建提供现实证据。

（3）大数据分析及社会网络分析法：为了获取我国海洋生物医药领域海量的产学研合作数据，便于后续的实证分析开展，本书从权威的数据库如 *Web of Science* 进行数据搜索与下载，作为构建学研机构与企业在海洋生物医药领域的科学合作创新网络的数据来源，然后利用我国海洋生物医药领域的创新主体如涉海类的科研院所、企业与大学的合著科技文献数据信息来构建产学研合作网络，并使用社会网络分析工具如 Ucinet、NetDraw 软件进一步分析该网络的结构特征及动态演化路径。

（4）实证分析法：这是一种使用统计计量方法对经济管理数据进行处理和验证的研究方法，目前已经被经济和管理学研究领域广泛使用。本书基于所获得的相关一手或二手数据等，构建研究模型，然后围绕着核心变量收集相关数据，随后采用多元层次回归分析方法来揭示海洋战略性新兴产业的产学研合作网络与创新组织绩效之间的影响机理和作用路径，为本书提出有价值的对策与建议提供了可靠的理论依据。

（5）科学计量法：科学计量是一种客观、量化地揭示学术研究发展规律的分析工具，它通过应用数理统计等方法对科学活动的投入、产出和过程进行定量分析，从中找出科学活动的规律性的一门科学学分支学科。自普赖斯（Price）奠定该学科以来，科学计量学在系统揭示科技活动的现状、趋势和规律方面一直发挥着不可替代的重要作用。由于它是一种总结历史研究成果、揭示未来研究趋势的重要工具，已被众多学者运用于许多研究领域[11-13]。基于此，本书使用科学计量的研究方法，以 *Web of Science* 数据库所收录的海洋生物医药研究领域学术论文作为数据来源，对论文发表时间、研究方向、研究机构和载文期刊分布等四个方面展开分析，以揭示海洋生物医药研究领域的整体发展态势及竞争格局。

（6）竞争力指数测度法：为了分析创新主体在某个研究领域的竞争发展态势，现有研究 Zhang 等（2016）[14]、陈凯华等（2017）[15]曾经在过去研究基础上，依次构建和完善了活跃指数、影响指数和效率指数，用于刻画某国家在某研究领域相对于全球平均水平的活跃状况、影响程度及科研成效。随后，张艺和孟飞荣（2019）[16]借鉴这些测度指数来对世界各国在海洋战略性新兴产业领域的基础研究竞争力进行分析。本书在充分借鉴现有研究[14-16]的基础上，使用这些量化测度指标来对海洋战略性新兴产业的基础研究领域发展态势展开系统研究，以引出在海洋战略性新兴产业领域开展产学研合作的必要性和急迫性，以实现海洋产业高质量发展的议题。

① 活跃指数的公式：$AcI_t^k = (P_t^k / \sum_{t=1}^{s} P_t^k) / (TP_t / \sum_t^s TP_t)$。其中，$P_t^k$ 是指 k 国在海洋战略性新兴产业领域的第 t 年文献发表量，$\sum_{t=1}^{s} P_t^k$ 是指 k 国在既定观测期（s 年）间的海洋战略性新兴产业领域的文献发表量，TP_t 是指所有国家在海洋战略性新兴产业领域的第 t 年文献发表量，$\sum_t^s TP_t$ 是指所有国家在既定观测期（s 年）间的海洋战略性新兴产业领域的文献发表量。当 $AcI_t^k > 1$，表明 k 国在第 t 年的研究活跃程度高于全部国家在该领域的平均水平，反之，则低于平均水平[16]。

② 影响指数公式：$AtI_t^k = (\sum_{j=t}^{t+n} C_j^k / \sum_{i=1}^{s} \sum_{j=t}^{t+n} C_{ij}^k) / (\sum_{j=t}^{t+n} TC_j / \sum_{i=1}^{s} \sum_{j=t}^{t+n} TC_{ij})$。其中，$\sum_{j=t}^{t+n} C_j^k$ 是指 k 国在海洋战略性新兴产业领域的第 t 年发表的文献在当年以及后续 n 年期间的被引量总和，$\sum_{i=1}^{s} \sum_{j=t}^{t+n} C_{ij}^k$ 是指在既定观测期（s 年）间，累加 k 国在海洋战略性新兴产业领域的第 t 年发表文献在当年以及后续 n 年期间的被引量之和，$\sum_{j=t}^{t+n} TC_j$ 是指所有国家在海洋战略性新兴产业领域的第 t 年发表的文献在当年以及后续 n 年期间的被引量总和，$\sum_{i=1}^{s} \sum_{j=t}^{t+n} TC_{ij}$ 是指在既定观测期（s 年）间，累加所有国家在海洋战略性新兴产业领域

的第 t 年发表的某领域文献在当年以及后续 n 年期间的被引量之和。当 $AtI_t^k>1$，表明 k 国在第 t 年的研究影响程度高于所有国家在该领域平均水平，反之，则低于平均水平[16]。

③ 效率指数的公式：$EI_t^k=(\sum_{j=t}^{t+n}C_j^k/\sum_{i=1}^{s}\sum_{j=t}^{t+n}C_{ij}^k)/(P_t^k/\sum_{i=1}^{s}P_t^k)$。其中，$\sum_{j=t}^{t+n}C_j^k$ 是指 k 国在海洋战略性新兴产业领域的第 t 年发表文献在当年以及后续 n 年期间的被引量总和，$\sum_{i=1}^{s}\sum_{j=t}^{t+n}C_{ij}^k$ 是指在既定观测期(s 年) 间，累加 k 国在海洋战略性新兴产业领域的第 t 年发表的文献在当年以及后续 n 年期间的被引量之和，P_t^k 是指 k 国在海洋战略性新兴产业领域的第 t 年发表的文献量，$\sum_{t=1}^{s}P_t^k$ 是指 k 国在既定观测期(s 年) 间某研究领域发表文献量。当 $EI_t^k>1$，表明 k 国在第 t 年的研究影响程度高于活跃程度，表明该国的科研成效很好，反之，则表明其科研成效较差[16]。

1.3.3 研究路线

本书以涉海类高校、科研机构与企业在海洋战略性新兴产业所建立的合作关系为研究对象，使用文献研究法、调研访谈及案例研究法、大数据分析及社会网络分析法、实证分析法、科学计量分析和基础研究竞争力指数等定性和定量方法来研究以下几个问题：海洋强国在海洋战略性新兴产业的基础研究领域竞争态势如何？为什么亟须在海洋战略性新兴产业领域开展产学研合作？该领域的产学研合作具有哪些特征？运行机制是什么？学研机构与企业在海洋战略性新兴产业领域的相互合作关系如何影响到协同创新绩效的实现？影响机理和作用路径是什么？这些问题的回答将为支撑国家“海洋强国”战略决策提供理论支撑和参考。为此，本书拟对这些议题展开系统研究，并制定研究思路如图 1-1 所示。

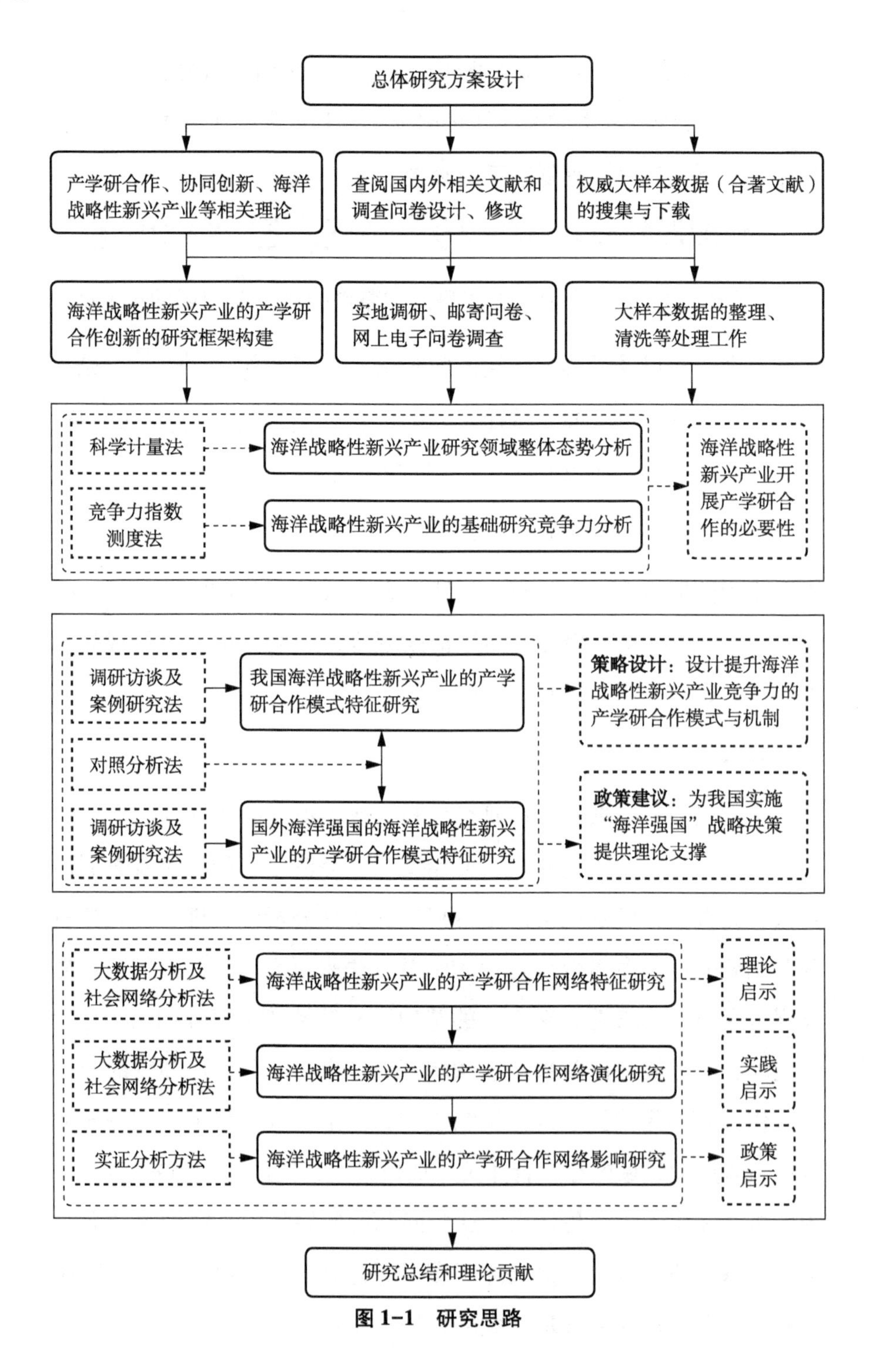
总体研究方案设计
产学研合作、协同创新、海洋战略性新兴产业等相关理论
查阅国内外相关文献和调查问卷设计、修改
权威大样本数据（合著文献）的搜集与下载
海洋战略性新兴产业的产学研合作创新的研究框架构建
实地调研、邮寄问卷、网上电子问卷调查
大样本数据的整理、清洗等处理工作
科学计量法
海洋战略性新兴产业研究领域整体态势分析
竞争力指数测度法
海洋战略性新兴产业的基础研究竞争力分析
海洋战略性新兴产业开展产学研合作的必要性
调研访谈及案例研究法
我国海洋战略性新兴产业的产学研合作模式特征研究
对照分析法
调研访谈及案例研究法
国外海洋强国的海洋战略性新兴产业的产学研合作模式特征研究
策略设计：设计提升海洋战略性新兴产业竞争力的产学研合作模式与机制
政策建议：为我国实施“海洋强国”战略决策提供理论支撑
大数据分析及社会网络分析法
海洋战略性新兴产业的产学研合作网络特征研究
理论启示
大数据分析及社会网络分析法
海洋战略性新兴产业的产学研合作网络演化研究
实践启示
实证分析方法
海洋战略性新兴产业的产学研合作网络影响研究
政策启示
研究总结和理论贡献

图 1-1　研究思路

第一，为了全面把握海洋战略性新兴产业领域的研究现状及存在的不足，笔者大量阅读和梳理与本研究相关国际文献资料，为后续研究框架的构建及科学问题的提出奠定坚实的理论基础。

第二，笔者在充分参考现有研究基础之上，设计调查问卷，展开实地调研，搜集我国和国外传统海洋强国（例如美国、英国等）海洋战略性新兴产业领域的产学研合作创新模式的相关案例和数据。此外，检索与整理海洋战略性新兴产业领域产学研合作的权威二手数据（例如涉海类大学、科研院所与企业合著科技论文）。

第三，本书采取文献计量和基础研究竞争力指数来对海洋战略性新兴产业的基础研究整体状况以及各国在该领域的基础研究竞争力展开系统分析，为产业界如何通过加强与涉海类大学和科研机构的产学研合作来改变我国海洋科技经济“两张皮”现状提供理论依据与启示，同时为本书后文提出在海洋战略性新兴产业领域开展产学研合作的必要性和紧迫性奠定了现实基础。

第四，基于所搜集的一手和二手数据，本书对我国和国外传统海洋强国（例如美国、西班牙等）海洋战略性新兴产业的产学研合作创新特征进行定性或定量研究，并对照分析我国和国外传统海洋强国（例如美国、西班牙等）在海洋战略性新兴产业领域的产学研合作特征差异。

第五，基于社会网络理论，本书对涉海类高校、企业和科研院所在我国海洋战略性新兴产业领域的产学研合作网络关系进行定量测算与刻画，并追踪产学研合作模式随着时间不断推移的演化路径。同时通过回归实证分析来探究和验证产学研合作创新与活动主体创新绩效之间影响路径和作用机理，所得到的研究发现为我国实施“海洋强国”战略决策提供理论支撑与支持。

第六，本书根据上述的实证分析结果，展开讨论，并从中归纳出研究发现，对相关理论进行总结和升华，同时提出本书的理论贡献及展望。

1.4 相关观点

（1）与整体意义上的战略性新兴产业相比，建立在海洋资源开发基础上，作用于海洋生态系统的海洋战略性新兴产业不同于其他海洋产业和其他战略性新兴产业。由于它具有独特的产业属性和发展特征，因此海洋战略性新兴产业是一项极具有研究价值的课题。

（2）由于海洋战略性新兴产业属于高技术密集型产业，具有较高的产学研合作创新需求，产学研合作创新是推动海洋战略性新兴产业实现技术进步和产业持续发展的原动力。因此，对海洋战略性新兴产业的产学研合作创新特征进行深入研究显得十分必要而重要。

（3）随着产学研合作日趋网络化，越来越多涉海类大学、科研院所与企业在海洋战略性新兴产业领域开展多边交流与建立起日益复杂的合作网络关系，所以学术界有必要基于社会网络理论的研究视角去理解和考察产学研等组织之间合作互动。

1.5 研究贡献

（1）目前我国海洋战略性新兴产业尚处于起步阶段，关于这方面的研究还不够系统和深入，与之相关的理论及研究范式的构建尚未成熟。本书对海洋战略性新兴产业的产学研合作模式特征进行研究，有助于进一步丰富海洋战略性新兴产业领域的理论与实证研究。

（2）现有研究对于国内外海洋战略性新兴产业的产学研合作模式特征的理论认识略显不足。具体而言，我国海洋战略性新兴产业的产学研合作本质特征是什么？国外传统海洋强国的海洋战略性新兴产业的产学研合作特征与我国存在哪些差异？这些构成海洋战略性新兴产业理论研究的重点，也是当前研究的薄弱环节。基于此，本书选择对海洋战略性新兴产业的产学研合作所涉及的基本理论问题进行研究，旨在弥补现有研究的不足。

（3）本书从社会网络理论视角来考究海洋战略性新兴产业的产学研合作。与传统的管理学研究范式相比，社会网络分析范式并不拘泥于个体特性研究，而是更注重于从网络的视角来研究活动主体之间的互动与联系[17,18]，为本书探究海洋战略性新兴产业的产学研合作创新模式提供了新的思路和理论基础。

（4）本书研究发现不仅为涉海类大学、科研院所与企业在海洋战略性新兴产业领域参与产学研合作实践过程中如何管理和协调彼此之间合作关系提供了实践启示，而且为我国政府做出“海洋强国”战略部署提供相应的理论支撑及参考。

2

文献综述

2017 年 10 月在党的十九大会议上，习近平总书记所做的《决胜全面建成小康社会夺取新时代中国特色社会主义伟大胜利》的报告中，提及“加快建设海洋强国”战略决策，发展海洋战略性新兴产业是实现从海洋大国到海洋强国的跨越过程的重要途径[16,19]。然而，当前我国的海洋战略性新兴产业现状依然存在着诸多问题，例如，发展规模偏小，核心技术水平低[20]，整体上仍然没有摆脱“高端产业，低端技术”的发展模式[16]，这将限制着海洋经济的高质量发展[21]和海洋强国建设的步伐。由于高校和科研院所等学研机构与产业部门之间的互动与合作可以实现优势互补、资源共享、分散风险，提升创新整体效应[22]，所以产学研合作成为推动海洋产业结构转型升级，提升海洋战略性新兴产业国际竞争力的重要途径。在此背景下，国内外学术界在探究海洋战略性新兴产业的相关议题时，对该领域产学研合作等议题给予了一定的关注。为了分析研究现状及把握现有研究所存在不足，本章回顾与梳理国内外学者以海洋战略性新兴产业、产学研合作为议题的相关研究，同时为后续探究海洋战略性新兴产业的产学研合作创新的特征、机制及影响等议题提供了坚实的理论依据。

2.1 海洋战略性新兴产业的相关研究

2.1.1 海洋战略性新兴产业的定义和界定

关于海洋战略性新兴产业的定义，学术界尚未做出统一的界定[23]。早在2010年，孙志辉作为时任国家海洋局的局长，首次在《展望2010，撑起海洋战略新产业》中将海洋战略性新兴产业界定为海洋高新技术产业。他认为海洋战略性新兴产业是一个新兴的而且具有战略性意义的海洋产业，并指出海洋战略性新兴产业要实现“又好又快”地发展必须要依靠海洋科学技术的发展。

由于海洋战略性新兴产业实现高质量发展的源动力主要来自海洋科技创新，那么该产业具有高新科技性、导向性、关联性、全局性等具有明显的“外部性”特征。鉴于此，姜秉国和韩立民（2011）认为海洋战略性新兴产业是一个以海洋高新科技发展为基础，以海洋最新科技成果实现产业化为核心，具有巨大的发展潜力和广阔市场，同时对其他产业具有较大拉动作用，所以它是一个具有海洋属性的新兴产业门类[24]。其实，海洋战略性新兴产业不仅具有高新科技产业的“新兴性”特征，还具有“战略性”的特征。因此，该产业在国家创新发展过程中要起到引领海洋经济与科技发展方向的重要作用，以充分体现建设国家海洋强国的发展战略需求。鉴于此，仲雯雯等（2011）认为海洋战略性新兴产业是一个关乎国家整体经济的发展全局，与国家全球竞争力和国家安全等重大问题息息相关的产业，所以海洋战略性新兴产业的内涵必须要充分结合具体国情和社会经济所处的发展阶段[25]。

海洋新兴产业是一个由陆地向海洋方向发展和延伸的新兴产业，

国内外学者对其界定尚未形成共识。相反，各国相关海洋管理部门根据本国具体国情，包括国家战略、产业基础和经济发展阶段，对本国的海洋新兴产业进行了界定[23]。由于海洋战略性新兴产业具有“新兴性”和“战略性”的双重内涵，这意味着对海洋战略性新兴产业的界定并不是一成不变[23]。在国外，学者 Claude（2003）曾经对什么是新兴产业进行了界定，认为需要符合四个基本特征：（1）处于产业发展生命周期的“萌芽”阶段；（2）体现变革性创新的特征；（3）具有核心科技竞争力；（4）具有较高的不确定性[26]。在我国，随着海洋战略性新兴产业被提升为建设海洋强国战略的重要“抓手”以来，对该产业的内涵进行界定具有重要的现实意义。目前，国内学术界对什么是海洋战略性新兴产业的界定研究并不丰富，但是已经对相关的产业选择议题展开了初步的探索，这为海洋战略性新兴产业的界定提供了参考。例如，白福臣和王广旭（2011）根据高新技术产业所具有的特征，从潜在市场需求规模、基础产业保障、技术要求、可持续能力以及可预见的集群化程度五个方面，对“什么是海洋高新技术产业”提出了理论界定依据[27]。

其实，海洋战略性新兴产业作为新兴战略产业的重要组成部分，是海洋高新技术和新兴产业的重要组成，它具有发展成为主导产业的潜力，所以海洋战略性新兴产业的界定可以结合新兴产业和主导产业的选取原则，并根据我国海洋发展阶段及特征进行适当调整和创新[28,29]。迄今，为了遴选出那些需要重点培育和发展的海洋战略性新兴产业，一些学者开始构建了各种指标体系。例如，宁凌等（2014）[30]和杜军等（2014）[31]分别运用灰色关联法和主成分分析法来遴选我国海洋战略性新兴产业。刘堃（2013）基于模糊综合评价方法来对海洋战略性新兴产业的六大门类（例如：海洋电力、海水利用业、海洋生物医药业等）进行了遴选[32]。他们所做的努力进一步推进了海洋战略性新兴产业的相关理论发展。

2.1.2 海洋战略性新兴产业的影响因素研究

海洋战略性新兴产业在发展过程中受到各种因素的影响，这也引起了国内外学者对该议题的广泛关注。通过对现有研究进行梳理，发现国内外学者已经对金融体系因素、科技创新因素、市场环境因素和产业发展综合因素等方面进行了较为丰富的研究。

2.1.2.1 金融体系因素

由于海洋战略性新兴产业具有“高风险”“高投入”“高收益”的特征，决定了该产业得以高质量发展务必具有良好的金融支撑条件和健全的融资机制作为保障。尤其我国的海洋战略性新兴产业处于萌芽期和初创期，更需要完善的金融支撑体系来推动海洋战略性新兴产业茁壮发展。在此背景下，有学者开始关注金融支撑体系在海洋战略性新兴产业发展过程中的角色与地位。例如，李姣（2012）对海洋战略性新兴产业的金融支撑体系展开系统研究，发现产业处于不同的发展阶段，其融资方式、金融支撑条件水平和影响因素也存在较大差异，认为海洋战略性新兴产业金融支撑体系的构建需要考虑海洋战略新兴产业所处时期或阶段[33]。

由于处于萌芽期和初创期的中小型海洋高新技术企业存在着规模小和风险高等因素，可能会导致金融机构不愿意为它们提供充足资金的意愿，迫切需要建立一个成熟完善的金融市场来满足海洋高新技术企业的融资行为[34]。由于海洋高新科技要实现产业化的工程较为艰巨，需要金融创新来帮助高新技术企业解决融资障碍问题，金融创新成为海洋高新科技实现产业化的重要保障[35]。在此背景下，海洋产业领域的金融创新引起了学术界的关注。国外学者对金融创新的研究侧重于探讨影响海洋高新技术企业融资的各种因素，而国内学者从不同视角来提出我国海洋战略性新兴产业的金融支持体系的构建方案。例如，白福臣和王锋（2011）从风险投资的视角出发，立足于我国海洋新兴产业的发展现状，从融资机制、投资收益分配、投资重心分化和退出机制四个维度来构建我国海洋战略性新兴产业投资机制的创新体系[36]。

2.1.2.2　科技创新因素

科技创新是推动海洋战略性新兴产业升级和实现产业化的基本动力。学术界对关于科技创新如何影响海洋战略性新兴产业发展的相关研究主要聚焦于两个方面。一是如何提高海洋科技创新能力来支撑海洋战略性新兴产业实现高质量发展。例如，Sankaran 和 Mouly（2007）以海洋保健品产业为研究对象，发现高校和政府推动不同学科进行融合有助于激发科技创新，从而有益于海洋新兴产业的发展[37]。王淑玲等（2016）通过分析我国青岛海洋创新载体和科研院所对当地海洋新兴产业发展的支撑状况，发现青岛市在海洋科技成果转化、科技创新生态体系等方面存在着诸多不足，对海洋新兴产业发展的科技支撑仍然较为缺乏，并提出如何高质量发展海洋新兴产业的若干建议[38]。二是海洋科技创新重要性的相关研究。由于海洋科技创新有助于改善海洋资源利用与管理，实现海洋资源的可持续发展，因此有学者开始关注海洋科技创新如何推动海洋战略性新兴产业实现“又好又快”发展的动力机制，该议题的深入研究对未来海洋资源的合理开发利用和管理具有重要意义[39]。例如，Roche 等（2016）以英国威尔斯地区为例，从社会、生态和经济角度出发对该地区的海洋新能源技术进行研究，发现科技创新对威尔斯的新能源发展轨迹产生了重要影响[40]。张耀光等（2002）对我国海洋科技与经济发展所存在的问题进行研究，认为我国需要加强海洋科技创新来改造传统的海洋产业发展模式，以推动海洋产业实现健康发展[41]。

2.1.2.3 市场环境因素

市场环境对海洋战略性新兴产业的培育与发展具有重要的影响。具体而言，一方面，市场需求是产业形成与发展的重要前提。市场需求具体状况会对产业发展方向具有直接的引领作用。对于海洋战略性新兴产业而言，该领域的市场状况是由国家战略导向需求和市场自发需求所组成，它们会对海洋战略性新兴产业的形成与发展具有直接的拉动作用[32]。另一方面，市场竞争程度对海洋战略性新兴产业的发展具有明显的激励作用。海洋高新技术企业在产业发展过程中存在着竞争与合作的关系，但是与政府颁布的激励政策相比，市场竞争在产业发展初期所起到的促进作用更为显著[42]。由于市场环境因素对海洋战略性新兴产业发展具有重要的影响，这引起了学术界的广泛关注。例如，丁娟和葛雪倩（2013）从市场培育和制度供给两个维度，选取了10个关键指标并基于灰色关联方法来分析各种因素对海洋战略性新兴产业发展的影响程度，发现市场环境的开发程度对我国海洋产业的发展具有显著的促进作用[43]。所以，改善市场环境，有助于培育和发展海洋战略性新兴产业，从而实现海洋经济的跨越式发展。

2.1.2.4 综合因素

现有研究认为影响海洋战略性新兴产业发展存在着诸多因素[23]，因此众多学者对综合影响因素展开了一系列研究。通过对现有文献进行梳理，发现学术界对该议题的研究主要聚焦于两个方面。一是通过建立各自影响指标体系来评价各种影响要素对海洋战略性新兴产业的支撑能力。例如，韩佳佳（2016）从系统动力学理论视角出发，从主体要素、资源要素和环境要素三个维度来评价各要素对海洋战略性新兴产业发展的支撑程度，并分析各支撑要素投入状况与产业发展总体绩效之间影响关系[44]。韩增林等（2014）使用集对分析方法，从六个方面对支撑中国海洋战略性新兴产业发展的各种因素进行评价，指出沿海各省份海洋战略性新兴产业发展的支撑条件所存在的优劣势[45]。二是研究各种因素对海洋战略性新兴产业的影响程度。例如，冯冬（2015）基于 Malmquist 指数，从效率的视角来对我国海洋战略性新兴产业进行评价，并分析海洋科技水平、海洋产业结构、科研经费支出、从业人员数量和固定资产投入等因素对海洋战略性新兴产业发展的影响，发现这些因素在不同省份所表现出的影响程度存在着明显差异[46]。杨冠英（2014）基于柯布道格拉斯生产函数，以海洋生物医药产业为研究样本，探究海洋生物医药业的人力资本支持、科学技术与资本投入等要素匹配程度对该产业发展的影响[47]。总体上，现有研究对影响海洋战略性新兴产业各种因素进行了综合考虑，并展开了较为丰富的实证研究。

2.1.3 海洋战略性新兴产业的选择、培育机制和发展模式研究

发展海洋战略性新兴产业是世界各国为了把握海洋经济发展的重要机遇，抢占海洋产业发展新高地的重要举措。值得关注的是，虽然海洋战略性新兴产业是新兴产业的重要组成部分，是战略性新兴产业向海洋领域的延伸，但是绝非简单的延伸，因为海洋战略性新兴产业具有独特的发展特征和产业属性，决定了其选择与培育机制以及发展模式具有一定的独特性，这也吸引了学术界的广泛关注。

2.1.3.1 海洋战略性新兴产业的选择

如何对海洋战略性新兴产业进行有效甄选，这是产业培育和发展的重要前提。众多学者也对该议题展开了一系列的研究，总体上可以划分为理论与实证研究两大类。（1）理论方面：宁凌等（2012）借助波特钻石模型并基于主导产业选择的基准，对海洋战略性新兴产业发展特性进行梳理并建立了海洋战略性新兴产业选择的基本准则[48]。汪亮等（2014）基于主导产业选择理论视角，使用案例分析、规范分析、主成分评价、灰色聚类等研究方法来对海洋战略性新兴产业甄选指标进行了相关的理论阐述[49]。（2）实证方面：丁娟和葛雪倩（2013）基于市场培育和制度供给的视角，研究海洋战略性新兴产业的各种经济指标的关联性[43]。刘堃等（2012）利用主导产业经济学属性来构建一套遴选海洋战略性新兴产业的指标体系与评价模型，丰富了以“海洋主导产业的选择”为议题的实证研究[50]。

2.1.3.2 海洋战略性新兴产业的培育

在世界各国陆续出台培育海洋战略性新兴产业的相关政策来加快推进经济结构调整和增长方式的背景下，学术界开始对海洋战略性新兴产业的培育议题展开了一系列研究。鉴于海洋战略性新兴产业培育路径是一个复杂模型，张玉强等（2014）基于系统特性的研究视角，以广东省为例系统地构建了培育机制、培育政策、培育系统的三位一体海洋战略性新兴产业培育模型[2]。由于海洋战略性新兴产业得以培育形成与发展是政府决策、市场需求等外部因素和物质资本、人类资本和海洋资源等内部要素共同影响的结果[51]，周乐萍和林存壮（2013）从产业形成路径角度出发，构建包括政府行为、产业基础、技术创新、需求条件、生产要素及外部环境六个发展要素在内的海洋战略性新兴产业培育框架[52]。

2.1.3.3 海洋战略性新兴产业的发展模式

海洋战略性新兴产业经过多年的发展，已经初具规模并具有较好发展态势。在此背景下，如何完善海洋战略性新兴产业的发展协调机制和政策体系，以实现海洋经济的高质量增长，这是一个重要的研究议题[53]。鉴于此，学术界对海洋战略性新兴产业的发展议题展开了理论研究或实证研究。例如，李彬等（2012）使用灰色预测模型对我国海洋新兴产业的发展规模及趋势进行了较为系统的研究[54]。王泽宇和刘凤朝（2011）使用综合指数法来对我国沿海省份的海洋产业竞争力进行评价，发现省际差异比较明显，协调度呈下降趋势[55]。杜军和王许兵（2015）基于产业生命周期理论，对我国海洋产业集群式创新发展的具体路径展开了系统研究[56]。

总体上，学术界已经对海洋战略性新兴产业的选择、培育机制和发展模式等议题展开了一系列的研究，并形成了较为丰富的研究成果，逐步完善了海洋战略性新兴产业的理论体系，这为如何推动海洋战略性新兴产业实现更好发展提供了理论依据和指导。值得关注的是，学者在探究海洋战略性新兴产业的相关议题时，普遍缺乏对海洋战略性新兴产业随着时间发展的演变历程进行系统追踪。此外，现有文献对该产业的孵化集聚和产业链延伸对策研究仍然存在着诸多的不足。

2.1.4 海洋战略性新兴产业的制度安排研究

如何科学地做出产业发展对策并采取合理的制度安排来打破制约海洋战略性新兴产业发展的各种瓶颈以实现跨越式发展，这是世界各国在推动海洋经济发展过程中不得不面对的重要问题。在此背景下，如何完善制度安排来推动海洋战略性新兴产业实现高效发展，该议题已经引起了广大学者们的关注。

由于我国海洋战略性新兴产业正处于起步关键时期，政府的产业政策导向和带动作用非常重要。相较于国外学者，我国学者更侧重于对海洋战略性新兴产业发展所存在各种障碍进行分析，并从多个研究视角来提出产业发展的政策建议与对策[57,58]。例如，张静和姜秉国（2015）认为制定海洋战略性新兴产业政策应该从产业组织、产业布局、产业结构以及产业技术等多个维度出发，构建一个能够促进海洋战略性新兴产业实现可持续发展的产业政策体系[57]。李文增等（2011）针对我国海洋战略性新兴产业的结构趋同和政策激励不足等问题，提出了调整海洋资源区域的产业结构和完善产业经济政策措施等相关建议[59]。黄盛（2013）以环渤海地区海洋战略性新兴产业为案例进行研究，充分挖掘该区域产业发展过程中所存在的问题，提出了市场与政府要共同引导产业发展，建立起海洋资源投入有效机制等产业发展策略[60]。

总体上，随着我国海洋战略性新兴产业所处的宏观环境不断发生改变，我国学者开始立足于我国海洋战略性新兴产业的发展现状，系统地对该产业发展所存在的问题及面临的各种发展障碍进行了一系列研究，并提出了各种有针对性的发展对策与政策建议。

2.2 协同创新的内涵、层次与框架相关研究

改革开放以来，我国科技、教育、经济得到快速发展，创新活动日益活跃，并取得一些引以为傲的科研成果。但是从科技进步对经济发展的实际促进作用的角度来观察，发现我国科技经济“两张皮”现象仍然存在[61]。主要体现在我国科技投入高速增长，科研成果日益丰硕，但支撑创新活动和产业发展的效果并不明显。2018 年

我国研发经费投入逼近两万亿（19677.9亿），占GDP比重（研发经费投入强度）2.19%，投入强度已达到中等发达国家水平，并超过了欧盟15国在2017年的平均水平（2.13%），居发展中国家前列。然而，在国家强劲科技投入情况下，我国很多产业在核心技术创新方面并未取得明显进步，尤其在技术革命频发的基础性行业，如深海探测、基础软件、集成电路、液晶面板、汽车发动机，核心技术依然严重依赖外国[62]，甚至一些战略性新兴产业仍然没有摆脱“高端产业，低端技术”的发展路径[7]。整体而言，我国许多产业还没有形成与制造能力相对称的技术创新能力[63]。这构成了我国自主创新进程中的一个悖论：科技投入的快速增长并没有促进产业核心技术创新能力的同步增长[64]。

实际上，这个悖论存在的可能原因在于我国创新主体在协同创新方面存在诸多不足。在微观层面上，创新组织（高校、科研机构、企业）内部科研团队“单打独斗”的科研模式仍然普遍存在；在中观层面上，国家创新系统内部的高校、科研机构、企业独立运行，彼此之间相互隔离；在宏观层面上，国家创新系统与经济系统缺乏相互支撑与融合。为此，我国政府在2011年推行以提升科教资源效率为目的的“协同创新”伟大工程，2014年的国务院政府工作报告中首次将“协同创新”提升到国家层面的战略抉择。此后，以科技部为代表的其他部门领域更是多次出台有关政策文件来推动“协同创新”，以寻求突破现有体制及机制所存在的壁垒，开展重大科研项目联合攻关，充分释放创新要素活力，从根本上解决目前我国科技经济“两张皮”问题。

在此背景下，“协同创新”这个议题引起了学术界的关注，学者对协同创新的内涵进行界定[65,66]，构建协同创新的理论框架[67,68]，并对协同创新的动因[69-71]、模式[72-76]、机制[77,78]及效应[79,80]等议题展开了一系列研究。然而，在我国的背景下，协同创新既是一个学术概念，更是一个政治概念。所以，对协同创新的理解，既需要从学术角度去阐述，更需要从政府决策者为什么要提出协同创新理念的现实情境去理解，而这一点恰恰被现有很多研究忽视。此外，国内学术界探讨协同创新这个议题时，更多聚焦于产学研协同创新[68,81,82]。难道协同创新仅指组织（机构）层次的协同创新吗？协同创新是否还存在其他层次？然而，现有研究对该议题仍然缺乏较为深入的探讨。

鉴于此，本章节从我国协同创新现实背景出发，在充分理解国家政府之所以推行协同创新意图基础之上，并借鉴创新理论以及相关研究，试图对协同创新的内涵、层次及框架提出新的见解，以进一步拓展协同创新理论研究，同时为推动海洋战略性新兴产业实现高质量发展提供了新的理论视角。

2.2.1 协同创新实践背景

当今，在新一轮科技革命及产业变革背景下，越来越多国家的经济发展正加快从生产要素驱动阶段向创新驱动阶段迈进，发展创新驱动型经济已经成为世界各国主要战略目标[83]。例如，美国提出再工业化战略、德国提出了工业4.0，力图寻求通过创新驱动来确立全球经济核心地位。在此情形下，我国为了应对国际社会带来的挑战，实施创新驱动战略决策。从本质上讲，创新驱动是一个复杂、多层面创新协同与联动的过程。要实现创新驱动，就必须要推动协同创新，实现知识（技术）创新和市场创新的充分融合。近年来在我国各级政府的直接推动下，协同创新探索不断涌现。虽然取得了一些成绩，但是仍然存在着诸多问题和不足，体现在微观、中观和宏观三个层次。

2.2.1.1 微观层次

目前我国创新组织内部的科研团队内部及相互之间的很多合作仅流于形式，“单打独斗”现象比较严重。正如我国学者许治等（2016）指出，我国很多科研团队联合申请项目时“同舟共济”，分担任务时“同床异梦”，开展研究时“同室操戈”，这些流于表面的不良合作现象在我国学术界早已不是个案[84]。为了申请政府科研项目，临时拼凑包装成“豪华团队”的现象屡见不鲜。由于这些豪华团队缺乏协同合作，最终导致研究成果沦落成一堆缺乏体系与深度的成果“拼盘”，与初始所定的研究目标严重背离[85]。所以，科研团队缺乏有效协同已经成为我国科技发展亟待解决的痼疾。

2.2.1.2 中观层次

自从 1992 年由原国家教育委员会、原国家经贸委和中国科学院三大部门联合推动的“产学研联合开发工程”以来，虽然在某种程度上推动了知识创新型组织（大学和科研院所）与知识应用型组织（产业部门）进行接触与合作，并取得一定的成效，但是由于缺乏有效制度安排与机制设计，产学研协同创新总体运作效果仍然差强人意。近年来，各级政府出台一系列政策与项目来推动产学研合作，如科技部“产业技术创新战略联盟”、广东“省部、省院产学研合作计划”、中国科学院“知识创新工程”“创新 2020 计划”，教育部“2011 计划”等，但是从实施总体效果来看，许多大学、科研院所与产业部门仍然缺乏实质合作，甚至为了“圈钱”而成为获取和分割政府资源的同盟，导致国家和地方的科技创新投入未能充分得到利用。

2.2.1.3 宏观层次

宏观层次协同所存在的问题主要表现为国家创新系统与经济系

统相互脱节。市场需求不能立即反馈到知识创新上，创新系统所创造的很多知识没有体现出“顶天立地”的特点，导致科研成果市场转化率低，造成知识创新不能很好地为市场经济发展提供强有力智力支持，最终导致科技经济“两张皮”现象的出现。

2.2.2 协同创新理论背景

早在20世纪初，著名经济学家Schumpter[86]首次提出“创新”概念以来，引起了学术界的广泛关注。许多学者对“创新”展开了丰富的研究，对“创新”一词不断地赋予新的内涵，丰富与拓展了创新理论研究[68,87]。在1982年，Nelson和Winter借鉴生物进化理论来解释技术变异和产业变迁问题，创立了演化经济学理论[88]，引发学术界从系统视角来探究企业创新机理问题。20世纪80年代开始，新兴产业如信息通信技术、生物产业的大量兴起，产学研合作发挥着不可或缺的推动作用，许多学者开始关注基础学术研究与产业创新及经济发展之间的联系[89]。进入20世纪90年代，各种创新理论不断涌现，包括国家创新系统理论[90-92]、区域创新系统理论[93]、“模式（Mode）2”知识生产模式[94]、三螺旋创新理论[95,96]，试图解释现代国家在知识经济时代背景下日益复杂的创新活动。尤其Etzkowitz和Leydesdorff在1995年提出的三螺旋创新理论，阐释“政府—产业—学研机构”三螺旋非线性互动模型，重塑官产学研的相互关系和角色，颠覆社会各界在早期所推崇的线性创新模型，在学术界引起了积极的反响[89]。在2003年，美国著名学者Chesbrough首次提出开放式创新[97]，开启了学术界对开放式创新理论的研究热潮。随后，创新生态系统进入学者的研究视野，近年来成为学术界关注的焦点。例如，Hwang和Horowitt（2012）以美国硅谷为研究对象，发现硅谷的创新生态系统由各种类异质性组织所组成，它们相互联系与作用，并与外部环境不断交互适应而形成的雨林生态模式[98]。总之，现有创新理论均强调创新主体之间协同合作以实现不断创新，为协同创新理论研究奠定了坚实的基础[99]。

实际上，协同创新是创新模式从封闭转向开放的必然结果[100]，是 Etzkowitz 和 Leydesdorff 所提出“三螺旋创新理论”以及 Chesbrough 所奠定的“开放式创新理论”等理论基础上发展起来的创新理论，是创新生态系统得以维系的模式与途径。Gloor（2006）基于开放式创新理论，从微观视角提出协同创新的构念，认为协同创新是由一群自我激励的科研人员为了实现某一共同目标而组成网络小组来分享信息、思路的过程[65]。随后，Serrano 和 Fischer（2007）从互动与整合两个维度来构建协同创新理论框架，认为协同创新是一个“沟通—协调—合作—协同”不断上升的过程[67]。近年来，在协同创新已被纳入国家战略议程的背景下，国内学术界对协同创新给予了较多关注。陈劲和阳银娟（2012）认为协同创新是指学研机构、企业、政府等创新主体相互合作以实现知识增值的价值创造过程[101]。何郁冰（2012）在国内外协同创新相关研究的基础之上，提出了“战略—知识—组织”协同创新理论框架[68]。陈强和胡雯（2016），许治和黄菊霞（2016）对我国“2011 计划”协同创新中心的创新网络特征进行分析[102,103]。总体上，国内学术界不断丰富了协同创新领域的理论与实证研究，但是对协同创新内涵及理论体系的认识仍然不够深入，所以对协同创新理论做进一步拓展与深化显得非常迫切与必要。

2.2.3 协同创新的内涵与层次

“协同”一词最早可追溯到古希腊[104]，意为共同工作。依照《汉语大词典》对“协同”的释义，“协”字有“协助、协调、联合、合作”的意思，“协同”是指“合作协调、配合一致地开展行动”。早在20世纪60年代，“协同”一词开始引起学术界的关注。Ansof（1965）对企业间共生互长关系进行研究，首次对协同进行了界定，认为协同确保整个企业群的最大价值得以实现[105]。后来，德国学者Haken（1971）构建协同理论，认为协同是指系统中各子系统或要素相互协调及联合作用，实现“1+1>2”的协同效应[106]。由于协同学不仅能够解释自然科学领域很多问题，还对社会科学领域的自组织现象给予有效的解释。在当今知识经济时代，协同思想在创新系统已得到广泛应用与深化。

国内外学者对“协同创新”给予不同的解读，见表2-1。现有研究主要从社会网络分析视角、创新生态系统视角、个体视角和组织视角来对“协同创新”赋予了相关的定义内涵并提出各自的观点与见解。例如，Ketchen等（2007）基于中观（组织）的视角，对协同创新界定为“协同创新是创新组织为了持续创新而推动专门技术、思想和知识等资源实现跨组织转移与共享的过程”[107]。我国学者陈劲（2012）将协同创新界定为“协同创新是学研机构、企业、政府、中介机构等组织为了实现科技创新而不断地开展以知识增值为核心的组织互动模式”[66]。

表2-1　协同创新内涵的界定

视角	相关观点	文献来源
网络视角	协同创新是一群自我激励的科研人员为了实现某一共同目标而组成网络小组来分享信息、思路的过程。	Gloor（2006）[65]
	协同创新涉及信息、技术、知识等资源相互交换和融合的复杂网络系统，是一个从沟通、协调、合作及协同的过程。	Serrano和Fischer（2007）[67]
	协同创新是指合作网络中各种创新要素的无障碍流动及有效整合的一个较为复杂系统工程。	赵立雨（2012）[108]

续表

视角	相关观点	文献来源
创新生态系统视角	协同创新是指生态集群的创新企业与群外环境之间经过复杂非线性互动产生出单个企业难以实现的整体协同效应的过程。	张方（2011）[109]
微观（个体）视角	协同创新是指科研工作者为了提升创新绩效而加强在研发过程中的协调与合作。	Persaud（2005）[110]
中观（组织）视角	协同创新是创新组织为了持续创新而推动专门技术、思想和知识等资源实现跨组织转移与共享的过程。	Ketchen 等（2007）[107]
	协同创新是指组织对不断变化的外部环境采取有效的应对措施来提升组织创新绩效的过程。	Soeparman 等（2009）[111]
	协同创新是学研机构、企业、政府、中介机构等组织为了实现科技创新而不断地开展以知识增值为核心的组织互动模式。	陈劲（2012）[66]
	协同创新是多个组织共同参与推动技术转移和知识共享而形成的合作关系。	张在群（2013）[112]
	协同创新是指企业与学研机构、中介机构及金融机构等组织相互合作，实现资源互补和效率的提升，创造价值的过程。	侯二秀和石晶（2015）[113]

资料来源：作者整理所得。

总体上，国内外学者基于不同的视角对协同创新的内涵进行界定，深化了对协同创新的理解与认识。协同创新本质上是寻求打破创造主体及要素之间存在的各自壁垒与障碍，使得各主体之间围绕着共同的目标而协同运作，从而实现“1+1>2”的协同效应[99]。所以，协同创新并不是流于表面合作，将各类主体强行捆绑在一起加以“包装”或“拼盘”来联合申请某一个项目，而是强调主体之间的分工与协作，推动信息、技术、知识等资源的共享，实现整体效用最大化[82]。

如上述所提及，对协同创新内涵的理解，既需要从学术角度去阐述，更需要从政府决策者为什么要提出协同创新理念的现实背景去理解。我国之所以提出协同创新，是想寻求通过协同创新来打破组织、学科、机制、体制的樊篱，突破部门、行业、区域甚至国别的界限，最大限度地集成和汇聚人才、知识、信息、设备、资金等创新资源与要素，促进科技、教育与产业等系统内外部资源的优化配置，实现知识创新主体（学研机构）与技术创新主体（企业）的有效对接，从根本上解决目前我国科技经济“两张皮”问题。

鉴于此，本章充分考虑我国推动协同创新实践问题，并借鉴现有研究的基础之上，试图对协同创新的内涵提出自己的理解。依照德国学者 Haken（1971）所提出的“协同学”思想，协同创新并不是简单的拼凑合作，而是一个系统工程，要求系统内各要素和子系统之间相互配合，从而集成得到超越原有功能总和的新功能。宏观层面的协同创新状况是微观层面诸多主体、要素之间相互协调的综合体现，即是许多微观层次的协同最终对宏观层面的协同产生影响[114]。所以有必要从多层次的视角去理解协同创新的内涵。本书对协同创新的内涵界定与理解，分成微观、中观及宏观三个层次，如图 2-1 所示。微观层面的协同创新是指创新组织科研团队内部及相互之间形成的知识（技术、思想、专业技能）共享机制，实现多方位交流与多样化协作来应对“大科学”时代所带来的挑战[115]；中观层面协同创新是指企业、大学、科研院所三个基本创新主体发挥各自资源优势与创新能力，在政府、科技服务中介机构、金融机构等相关主体的协同支持下，实现“1+1+1>3”协同效应的目标[116]；宏观层面协同创新是指知识创新体系与经济体系之间有效结合与互动，促使科技、教育与经济的融合发展[117]。其实，微观层次的协同创新是构筑协同创新系统的基础和基本单元；中观层次的协同创新，即是以企业为主导的技术创新系统和以大学、科研机构为主导的知识创新系统之间有效协同，是协同创新效应得以实现的重要途径和手段；而宏观层次的协同创新，即是国家创新系统与经济系统的紧密结合，解决科技经济“两张皮”问题，是协同创新追求的终极目标。

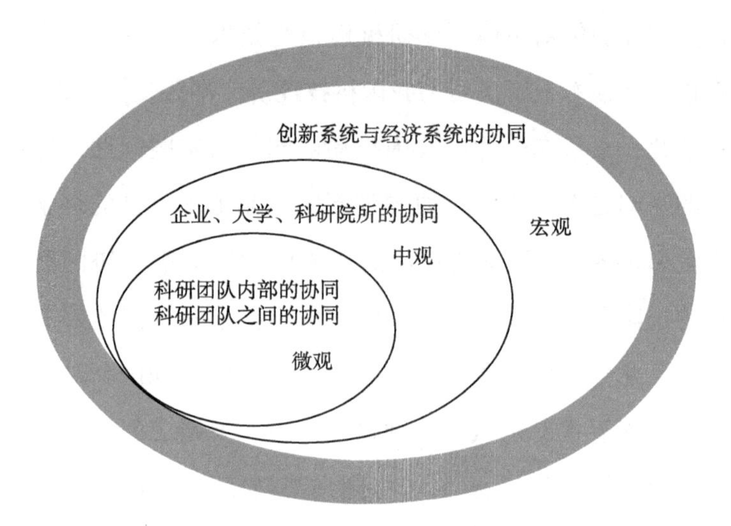

图 2-1　协同创新内涵示意

2. 2. 3. 1　微观层面：科研团队协同创新

科研团队是“大科学”时代背景下出现的科研组织模式[118]。科研团队既有一般团队的特点外，还具有独有的特点，主要体现在“创新”是科研团队的本质特征；“科研”是科研团队的主要任务[119]。

科研团队的协同创新包括两类：第一类是指科研团队内部的协同，即是团队领头人、科研骨干和其他成员在相关机制及规则的影响下，团队的集体智慧得以“竞相涌流”，生产出更多的科研成果；第二类是指科研团队外部的协同，即是团队与团队之间的合作，使得创新资源及要素突破科研团队之间所存在的壁垒，提高创新效率和能力，如图 2-2 所示。

在当今“大科学”时代，经济社会发展过程中遇到的实践问题愈加复杂，往往需要多学科知识的交叉汇集才能够有效解决。交叉

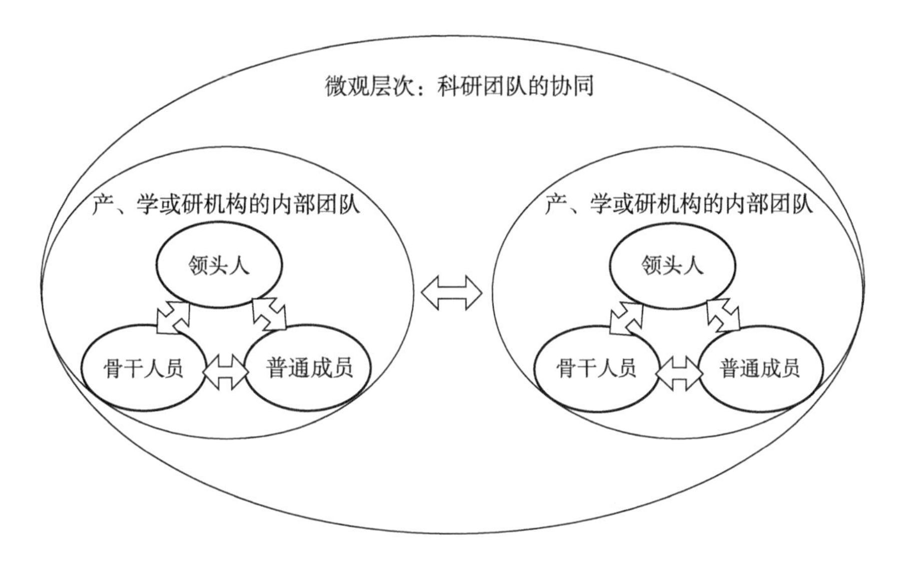

图 2-2　科研团队的协同

边缘学科的不断出现和科学研究日趋复杂要求科研工作者必须摒弃“小科学”时代所采取的“单打独斗”科研模式，转向团队协同作战，“站在巨人肩膀上”实现更好的创新绩效。

2.2.3.2　中观层面：产学研协同创新

在经济新常态时期，我国的经济增长方式将由要素驱动向创新驱动转变，这是经济发展的必然要求，但是实现创新驱动的一个很重要途径，就是要实现产学研协同创新。

产学研协同创新是指企业、大学、科研院所三个基本主体在政府、科技服务中介机构、金融机构等主体的协同支持下，促使它们之间创新资源要素得到有效融合，发挥系统合力，实现“1+1+1>3”的协同增值效应，如图 2-3 所示。

在新一轮科技革命背景下，任何组织不可能拥有创新所需的全部资源和技术，也难以通过内部创造出创新所需要的全部知识和技术。由于产学研协同创新既可以为学研机构抢占科技发展前沿提供

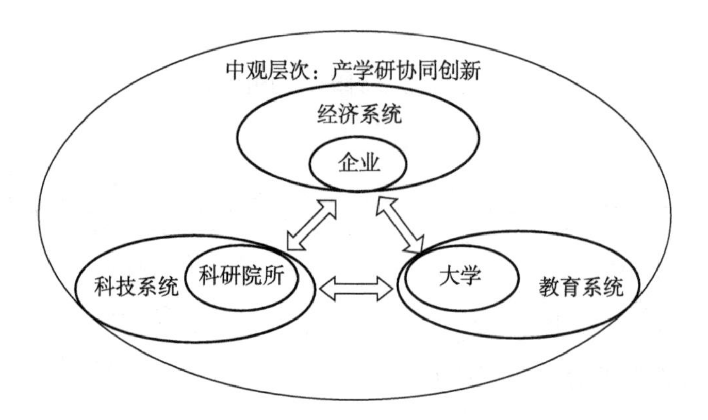

图 2-3　企业、大学和科研院所的协同

充足的资金保障，又可以为企业新产品、新工艺和新商业模式的创造提供智力支持，所以产学研协同合作已成为创新组织获取外部创新资源和维持竞争优势的主要模式与途径。

2.2.3.3　宏观层面：科技、教育和经济有机融合

经济、教育和科技三大系统是彼此开放的系统，它们之间的协同实质上是相互适应、相互依存、共同发展的过程，如图 2-4 所示。教育系统和科技系统是国家创新系统组成部分，它通过科技投入和产出影响经济增长，而经济增长又反作用于国家创新系统，国家创新系统与经济系统在对立统一中实现协调发展[120]。

当今社会经济的发展已由过去的要素驱动转移到依靠科技进步和教育质量提升。在此背景下，推进教育、科技与经济的协同发展，解决长期以来困扰我国科技与经济发展的“两层皮”问题，成为我国推行协同创新“2011”计划战略决策的主要目标。

综上所述，从宏观的角度去理解协同创新内涵时，科技、教育与经济等系统的有效协同是实现创新的重要基础，也是协同创新的追求终点；从中观的角度来理解协同创新的内涵时，产学研三方相

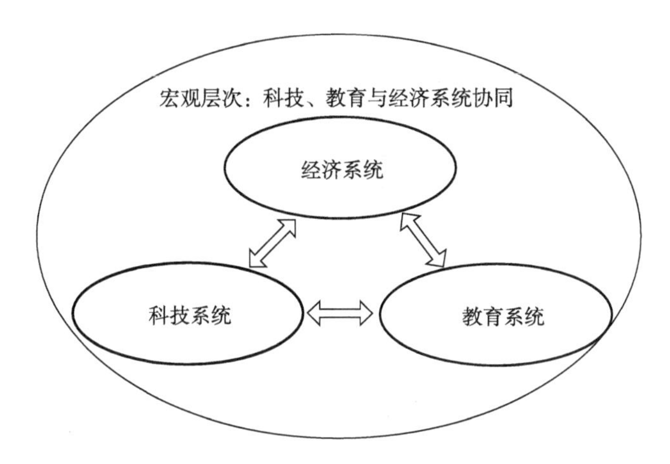

图 2-4 科技、教育和经济的协同

互交叠、互相依赖并彼此推动，产生整体非线性效用；当从微观的角度来理解协同创新的内涵时，科研团队成员发挥各自的能力和优势并有效合作，实现优势互补与合作共赢。

2.2.4 协同创新的分析框架

通过对现有文献进行梳理，发现学术界已经对协同创新的动因[69-71]、模式[72-76]、机制[77,78]及效应[79,80]等议题展开较为丰富的研究，这些文献可以归纳到与协同创新研究相关的三大类议题：原因、过程和结果，如图 2-5 所示。

协同创新是在一定的外部环境情境和活动主体内在动机的影响下实施，因此会受到主体内外因素的影响。首先，在外部环境中，政策环境、地理距离等因素均会影响协同创新的行为及绩效；其次，活动主体的内在动机，包括资源获取、分散风险等均可能影响到活动主体所采取的协同创新行为模式及机制。

协同创新过程是指活动主体如何有效地开展协同创新，包括模式和机制两部分。其中，协同创新的模式可依照不同分类标准如合

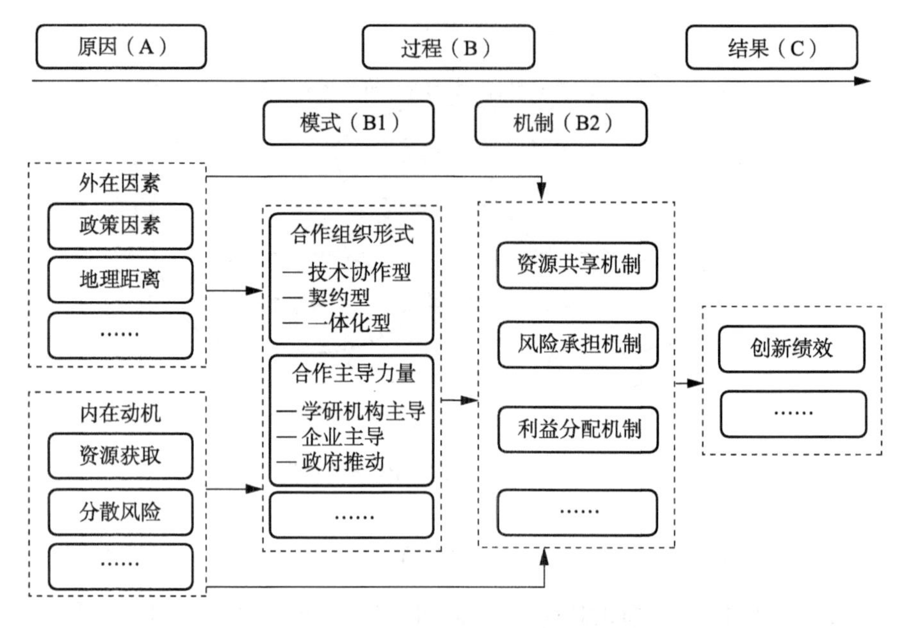

图 2-5　协同创新理论分析框架

作组织模式、合作主导力量进行划分，而机制则表现为活动主体开展协同创新的程序和运行方式。活动主体采取不同协同创新模式和机制会产生不同的创新绩效，即是协同创新的结果。

本研究在借鉴现有研究[121,122]的基础上，基于“前因后果”的逻辑思路对协同创新的原因、过程和结果之间影响关系进行分析，构建起协同创新分析框架，如图 2-5 所示。同时对协同创新动因、模式、机制和效应等相关研究进行梳理。

2.2.4.1　协同创新的原因

现有文献已经对协同创新的动因展开了较为丰富的研究。基于现有文献，影响协同创新的原因包括外在影响因素和活动主体内在动机。其中外在影响因素包括环境因素和地理空间接近性等方面；内在动机包括外部资源获取、成本与风险分担及提升绩效等方面。

（1）环境因素：现有研究对环境因素的探讨更多围绕着政策环境如何对协同创新产生影响展开。过去研究表明政府政策的制定与实施所创造的良好环境对推动企业开展协同创新活动发挥着不可或缺的作用[69]。Thorgren 等（2009）指出政府政策有利于协同创新活动的开展；Fiaz（2013）认为稳定的政治环境及政府有力扶持对协同创新具有正向影响[123]；此外，还有一些研究发现宏观环境因素对活动主体开展协同创新具有重要影响[124]。

（2）地理空间接近性：一些研究认为地理空间的接近是活动主体之间开展经验交流与知识转移的催化剂[71]，这是因为地理空间的接近可以节省接触与沟通的时间与费用，有利于集体创新[125]。Tomlinson（2010）认为地理空间的接近有利于组织间频繁交流，有利于重要信息和知识的交流，为组织学习创造了机会与环境，从而有利于创新的产生[126]。Schwartz 等（2012）发现地理空间的接近有利于创新的实现，对产学研协同创新具有积极的影响[70]。

（3）外部资源的获取：基于资源基础观的视角，活动主体开展协同创新的目的是获取互补性资源[127]。Schwartz 等（2012）指出，企业通过协同创新来获取专业知识、设施、资本等资源[70]，有利于提升自身创新能力和及时响应外部环境的能力。现有研究认为，协同创新有利于创新资源的获取，产生知识溢出，从而带来“合作剩余”[71]。

（4）成本与风险分担：当技术开发成本超出创新主体自身能够承受范围或者创新的复杂性和不确定性加剧时，协同创新往往成为活动主体的重要选择[128]，这是因为协同创新能够降低创新风险和分担创新成本[125]。López（2008）指出，协同创新将不同创新主体所拥有的有价值资源进行整合，有利于规模经济的实现，达到分担成本和降低风险的目的[129]。Okamuro（2011）认为协同创新除了有利于互补性资源的获取，更为重要的是分摊成本和降低风险[130]。

（5）提升绩效的动机：协同创新有利于创新主体从合作伙伴溢出的信息流和知识流中获益，加速技术创新，获取更多的创新利润[131]。此外，协同创新有利于知识的积累，推动新技术产生和创新实现，是提升创新水平的有效途径[123]。所以，为了提升绩效是创新主体开展协同创新的内在动因之一。

2.2.4.2 协同创新的过程

（1）协同创新的模式

协同创新模式是指各活动主体在创新实践过程中所形成的各种创新行为特点[132]。现有研究基于不同分类标准对协同创新的组织模式进行划分，这些分类标准包括合作紧密程度、合作导向、合作主导力量、合作组织形式、交易成本高低等，见表2-2。例如，Wright等（2008）按照合作强弱程度，将协同创新类型划分为：技术商业化、专利许可、联合攻关、技术咨询及人才流动[133]；Jain等（2009）按照商业化程度高低，将产学研协同创新划分成四类，分别是：创业型、创业混合型、传统混合型、传统型[134]。还有一些研究依照合作组织形式将产学研协同创新模式划分成：技术协作型、契约型、一体化型、网络型[135]。总体上，现有研究主要基于中观层次（组织）的视角来对协同创新的模式进行研究，即是聚焦在产学研协同创新模式上，而从宏观或微观的视角来探究协同创新模式的相关研究相对较少。

表 2-2 协同创新模式

划分方式	合作模式	代表性文献
合作紧密程度	技术直接转让、技术委托开发、创建研发实体、共建产学研联盟	Wright 等（2008）[133]；穆荣平和赵兰香（1998）[136]
合作导向（目的）	人才培养、技术研究开发、技术商业化（创办企业）	Dutrenit 和 Arza（2010）[74]；谢园园等（2011）[137]
合作主导力量	高校主导型、企业主导型、政府推动型	王英俊和丁堃（2004）[138]
交易成本高低	外部化型、半内部化型、内部化型	苏敬勤和林海芬（2010）[139]
合作组织形式	技术协作型、契约型、一体化型、网络型	朱桂龙和彭有福（2003）[135]
学术商业化程度	创业型、创业混合型、传统混合型、传统型	Jain 等（2009）[134]；范惠明（2014）[140]

资料来源：作者整理所得。

（2）协同创新的运行机制

现有研究认为，协同创新的运行机制是指各活动主体在实践协同创新过程中所形成的动力、规则及程序总和[141]，是各活动主体从最初萌发组建协同创新联盟的意愿，一直到协同创新利益分配结束的整个过程所涉及的各个环节的运行机理、相关制度与作用方式[142]。

现有研究基于开放式视角、知识视角、网络结构等不同视角来对协同创新的运行机制展开阐释，关注协同创新所囊括的子机制、角色任务及过程模型的构建。首先，学术界普遍认为协同创新包括许多子运行机制，如动力机制、信任机制、资源共享机制、合作伙伴选择机制及风险分散机制等。例如，李久平等（2013）基于知识整合视角，提出协同创新运行机制所包含的子机制主要有相互信任机制、利益分配机制、互补相容机制、进化适应机制等[77]。李祖超等（2012）基于高校的视角，发现协同创新运行机制所包含的子机制主要有知识分享机制、内外部动力机制、绩效评价机制等[78]。其次，一些学者探究不同类型的活动主体在参与协同创新时所扮演的角色及承担的任务，揭示协同创新的运行机理。例如，Nakwa（2015）基于网络的视角，探究企业、政府及中介机构等组织在协同合作过程中扮演的角色[143]。最后，很多学者通过构建相关模型来阐述协同创新的运行过程。例如，Gerhard 等（2010）构建了协同创新“C4”框架[144]。Varrichio（2012）对巴西国家创新系统进行研究后，构建协同创新网络模型[141]。总体上，协同创新运行机制的相关研究较为丰富，但是在创新驱动已成为主题曲的今天，基于创新驱动的视角来探究协同创新运行机制的相关研究仍然较少。

值得关注的是，在协同创新系统中，活动主体各方的功能和作用都是双向的，任何强调其中一方而忽视另一方的合作模式和机制，都会导致系统遭受破坏，整体协同效应功能都会大大削弱。所以，协同创新系统必须构建和维持一个互利互惠的利益共享机制，强调利益共享、风险分担。然而，现有研究对协同创新利益共享机制没有给予充分关注，该议题有待在未来研究进一步深化。

2.2.4.3 协同创新的结果

协同创新效应是指创新系统内的活动主体通过协同合作来整合内外部资源，使得系统所呈现的整体功效大于活动主体单独行动所取得的效果总和[145]。陈劲和阳银娟（2012）指出，产学研协同合作有助于创新资源优化，实现“1+1>2”的协同效应。

现有研究主要从知识基础观和资源基础观两种视角来对协同创新效应进行研究，基于知识基础观视角的研究认为协同创新有助于知识的积累和组织学习的开展，从而提升组织动态应对能力；基于资源基础观视角的研究认为协同创新有助于整合内外部资源，从而有利于创新绩效的提升[79]。现有研究已经证实协同创新模式对创新绩效产生积极影响[146]。例如，解学梅和刘丝雨（2015）对长三角都市圈的中小型企业进行研究，发现协同创新模式有利于企业创新绩效的提升[80]。

此外，还有研究从不同的视角对协同创新的绩效做出评价，其中，一些学者依照“投入—过程—产出”三个环节的思路来评价协同创新绩效，投入层面是人、财、物等资源的投入力度，过程层面是活动主体之间的战略协同度和满意度，产出层面包括直接产出和间接产出等[147]；还有一些学者从宏观、中观和微观三个层面来对协同创新的绩效进行评价：宏观层面是对某一个国家（区域）创新系统所取得的创新绩效进行评价，中观层面是对组织机构层面的协同创新绩效，尤其对产学研合作创新绩效进行评价，微观层面是对科技合作项目的绩效进行评价[148]。

2.2.4.4 分析框架与研究展望

通过上述对现有文献的梳理，发现国内外学者已经对协同创新的动因、模式和机制、协同创新效应及它们之间影响关系展开了丰富的研究。本章节在归纳和总结现有协同创新研究成果的基础上，提出了一个协同创新前因后果的理论分析框架，并从微观、中观和宏观三个层次进行剖析。三个层次的活动主体在外在动因和内在动因共同影响下，形成了相应的协同互动模式；各个层次活动主体采取不同协同模式及机制，不同层次的协同创新绩效得以实现，如图2-6所示。

基于图2-6所显示的分析框架，发现以下一些研究议题值得未来做进一步的探讨。

首先，在微观层面上，虽然科研团队受到学术界的长期关注，但是现有研究主要聚焦在科研团队的合作网络特征、团队绩效的影响因素及评价[118]，而较少剖析科研团队协同创新的动因、运行模式

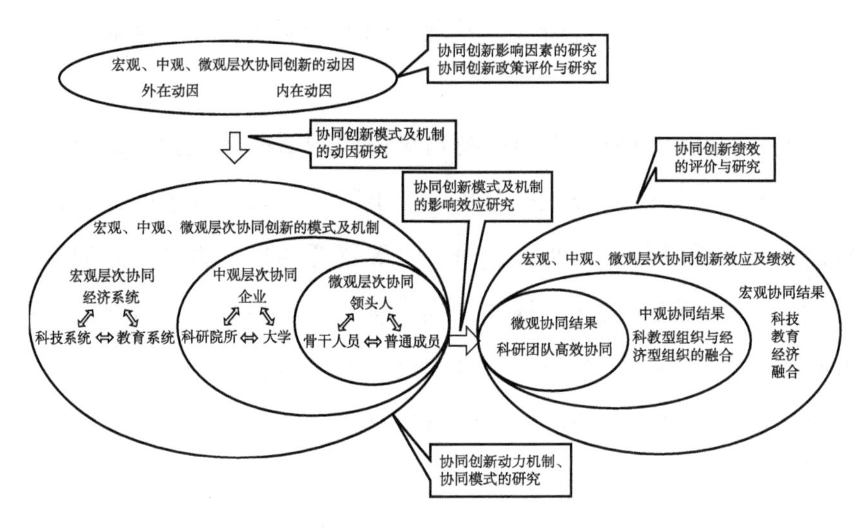

图 2-6　协同创新理论三个层次分析框架

及机理等议题。未来研究可以在微观层次对协同创新展开以下探讨：在动因方面，包括对科技人员的内在动机、团队氛围、规则制度、协同创新政策等方面进行分析，以及研究这些内在、外在动因如何影响到科研团队的合作模式。在协同创新模式及机制方面，可以对科研团队的协同创新模式、运行机制等方面进行分析与评价，并探究科研团队协同合作模式、机制与创新绩效之间的影响机理。

其次，在中观层面上，国内外学者已经对产学研协同创新的内在动因[72,73,149,150]和外在制度环境[151]、协同创新的模式[152-155]以及对创新绩效的影响[75,156-160]等议题展开了丰富的研究。值得关注的是，现有研究主要基于企业的视角来探究产学研协同创新，而从学研机构的视角来研究该议题的相关文献仍然不够丰富。鉴于此，未来应该加强从学研机构的视角探究其参与产学研协同创新的动因、模式、运行机制以及产学研协同创新对学研机构学术绩效的影响机理等议题，以弥补现有研究的不足。此外，现有研究较少关注创新主体的能力结构如何对产学研协同创新产生影响。我国学者朱桂龙

（2012）认为我国企业的技术能力结构偏下游（共性技术能力弱）严重制约了我国产学研协同合作的层次与质量[161]。然而，现有研究较少关注创新主体的能力结构与产学研协同创新之间的影响关系及演化机理，该议题有待未来研究进一步丰富。

再次，在宏观层面上，现有研究较少关注创新系统与经济系统之间互动的潜在影响因素、模式、机制、绩效以及它们之间的影响机理。未来研究可以在宏观层次对协同创新做以下探讨：在影响因素方面，可以探讨协同创新政策、社会环境氛围等因素如何影响创新系统与经济系统之间互动与协同；在协同模式方面，可以对创新系统与经济系统耦合机制及模式展开研究，以及探究创新系统与经济系统协同如何对创新绩效产生影响；在协同创新绩效方面，可以对创新系统与经济系统之间互动耦合取得创新绩效展开评价。

最后，虽然有学者[100,125,142,162]从文献综述的视角，采取文献计量、知识图谱或传统论述方法对现有涉及协同创新相关研究进行分析其知识基础、研究演化及存在不足，但是现有协同创新综述类文献主要聚焦于中观层次——产学研协同创新领域的文献，而忽视了微观和宏观层次协同创新领域的相关研究，未来综述类文章可综合考虑和分析各个层次协同创新的相关研究，以更全面地揭示协同创新领域的研究脉络和发展趋势。

2.2.5 协同创新研究总结

现有文献已经对协同创新展开较为丰富的研究，但是对协同创新的理解与把握较为缺乏对我国协同创新现状的考虑。在我国，协同创新不仅是一个学术概念，更是一个政治概念，所以本章节在揭示我国协同创新所存在的问题以及充分理解政府推动协同创新的意图基础之上，并充分借鉴现有相关研究，对协同创新的内涵、层次及框架进行了界定和分析。与现有大多数研究仅聚焦于中观层次协同创新（即产学研协同创新）相比，本章节同时从宏观、中观和微观三个层次去理解协同创新的内涵及功能，并依照“前因后果”思路来构建协同创新理论分析框架和提出未来研究议题。总之，本章节寻求对协同创新理论做进一步拓展，同时希望能够给下文探究海洋战略性新兴产业的产学研协同创新相关议题提供一些启示和参考。

2.3 产学研合作的相关研究

2.3.1 产学研合作的相关研究

产学研合作是指企业、研究机构和大学在利益驱动下，运用各自创新资源相互协作所进行的经济和社会活动。由于产学研合作能够实现优势互补、资源共享、分散风险，提升创新整体效应[7]，产学研合作创新已成为许多国家推动经济实现持续增长的重要抓手。在此背景下，产学研合作引起了学术界的广泛关注。

为了充分把握产学研合作创新领域的研究现状，笔者在充分参考现有相关研究[89,163,164]基础上，对产学研合作研究领域文献进行搜集、梳理和分析，发现在“二战”结束后很长的一段时间里，以产学研合作为议题的相关研究较为少见[89,164]。直到 20 世纪 60 年代，美国学者[165]首次对产学研合作给予关注，对学研机构与企业跨组织合作进行系统分析，开创了产学研合作创新领域的研究先河[89,164]。到了 20 世纪 80 年代，新兴产业得到了蓬勃发展，其背后产学研合作发挥着不可或缺的推动作用。产学研合作也逐渐走进了国外学者的研究视野[89]。目前，国外学者已经对产学研合作的动因[74,166-168]、行为模式[74,169,170]以及影响效应[151,157,158,170,171]等议题展开了较为丰富的研究。

与国外相比，我国学术界对产学研合作研究相对较晚，最早以产学研合作为研究议题的文献出现在 1992 年。当年我国开启“产学研联合开发工程”，促使我国学术界对学研机构与企业之间合作的组织模式和治理机制、组织间关系与演进、动因与影响因素、交易成本及制度安排、合作效果评价等方面展开一系列研究[68,89]。在随后 20 多年广大学者持续关注和不断努力下，我国学术界在产学研合作研究领域取得长足的发展[68,89]。

2.3.2 产学研合作对组织绩效影响的相关研究

现有研究在探讨产学研合作的影响效应这个议题时，大多聚焦于产学研合作如何影响企业的经济或创新绩效。研究议题包括学研机构与企业之间合作如何影响企业从组织外部获取知识与其他创新资源[172]，从而促使企业提升创新能力，并将学研机构所创造的科技成果进行吸收转化和商业化[151,170,171]，最终使得企业拥有良好的经济绩效，成为具有创新活力的企业[173,174]。

实际上，产学研合作并不纯粹是一种由学术型组织（团队或个人）单向辅助产业界来推动技术创新和实现良好绩效的关系，还是一种知识逆向流动的关系，即学研机构与产业界互动过程中获得更多组织学习的机会，有助于学研机构参与产学研合作过程中加深对工程技术问题和行业发展的理解，将有意义的现实问题带入学研机构进一步凝练成科学与理论问题，实现知识重组并激发新的思想火花和研究方向[175]。鉴于此，Hussler 等（2010）意识到产学研合作不仅对企业创新绩效产生影响，还对学研机构学术绩效产生影响，并将产学研合作对创新主体绩效的影响划分成三个环节[176]，如图

2-7所示。首要环节是，产学研合作促进企业与学研机构之间知识或信息沟通与转移，使得参与者获得彼此之间科学知识或市场信息。然后，一方面，企业利用学研机构所创造的科学知识来提升自身技术创新能力；另外一方面，学研机构利用产业界相关市场信息及资源来创造更多的科学知识[176]。

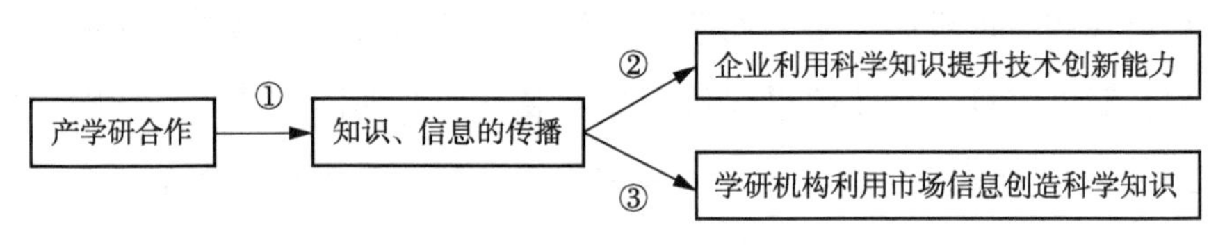

图 2-7　三个影响环节

2.3.2.1　产学研合作对企业创新绩效影响的相关研究

纵观现有的文献，发现较少有学者同时关注产学研合作对企业和学研机构的创新绩效带来的影响，目前仅发现有两篇文章涉及对该议题展开研究。例如，国外学者 Mindruta（2013）以美国东海岸的大学与企业的产学研合作为例，研究发现大学与企业之间有效耦合才能够促进双方实现共赢[177]。国内学者张艺等（2018）以中国高铁领域的产学研合作为研究案例，发现学研机构与企业在巴斯德象限（以应用为导向的基础研究）领域加强产学研合作可以实现双方共赢。产学研合作推动了企业技术能力的不断演变（技术消化吸收→技术改进优化→技术原始创新），同时也推动了学研机构学术能力的不断发展（前沿技术科学原理的追踪研究→突破性研究→引领性研究）[178]。

总体上，现有大多数研究聚集在“产学研合作如何对企业的创新绩效带来影响”这个议题上，即更多关注图 2-7 中的①和②。例如，Ponds 等（2010）以荷兰的生物技术与光学领域的产学研合作为例，探究企业如何通过参与产学研合作来获取学研机构的知识溢出，进而对其创新绩效带来影响[179]。George 等（2002）以美国生物技术领域的产学研合作为对象进行研究，发现企业参与产学研合作对其创新绩效产生正向影响[171]。Kafouros 等（2015）以中国各个区域的产学研合作为研究对象，发现企业与学研机构的合作对企业绩效的影响关系受到各个区域所固有的体制因素如开放程度、知识产权保护执行力度的调节影响[151]。近年来，国内学者也开始关注产学研合作如何对企业的绩效带来影响。例如，樊霞等（2013）以广东的省部（广东省—教育部—科技部）产学研合作为例进行研究，发现企业参与产学研合作对其创新绩效产生正向影响[180]。李成龙和刘智跃（2013）以处于长三角区域的 58 家参与产学研合作的企业和学研机构进行研究，发现它们之间有效耦合对创新绩效产生间接影响[181]。这些研究认为学研机构拥有众多科学人才和强大研发实力，它们所从事的基础性或探索性科研活动有助于获得更多的前沿科学知识和技术。此外，学研机构所从事的研发活动对于很多企业而言都显得非常昂贵而难以承担[151]。如果企业与学研机构合作，不仅有利于企业接触到学研机构丰富的创新资源，有助于它将学研机构的创新资源转移到企业内部为它所用来提升创新能力[172]，而且通过与学研机构交流来获取最前沿的知识和技术，为应用研究与试验发展打下了基础[171]。

现有研究之所以较多从企业的角度关注产学研合作如何对经济型组织的创新绩效产生影响，而较少从学研机构的角度关注产学研合作对学术型组织的学术绩效反向推动作用，可能原因是受到西方发达国家（尤其美国）长期推崇的一次创新过程思想“基础研究→应用研究→技术开发利用（试验发展）”的单向线性思路影响，忽视后发国家通过反求工程［即：先进技术引进→开发利用（试验发展）→应用研究→基础研究］实现二次创新的情形，即市场信息和技术信息对基础研究的反馈影响。

2.3.2.2 产学研合作对学研机构学术绩效影响的相关研究

虽然 Hussler 等（2010）所提及产学研合作对创新绩效影响的三个环节中提及产学研合作给学研机构的学术绩效也会带来影响，即图 2-7 中的①和③，但是现有文献对该议题的研究仍然存在较大的不足。除了一些零星的研究外[17,175,182-184]，国内学术界对该议题还没有给予足够的重视。

其实，有关学研机构参与产学研合作的议题已经激发国外学者的兴趣。早在 1997 年，美国学者 Stokes（1997）[185] 提出了科学研究二维象限模型，如图 2-8 所示。将以应用为导向的基础研究象限称为巴斯德象限。在该象限中，学研机构的基础研究具有明晰产业化烙印，学研机构的公有属性和企业的私有属性很好地交织在一起，拥有共同的交集。

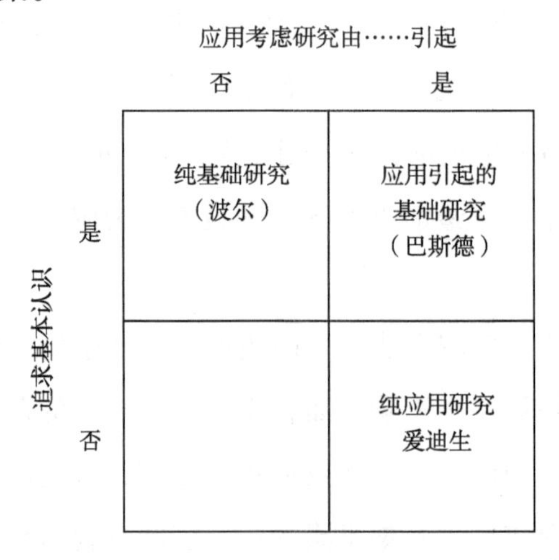

图 2-8 科学研究二维象限模型

资料来源：Stokes（1997）[185]。

在2003年，OECD研究报告《公共研究的管理》将基础研究明确地划分为两种类型：第一种是以纯好奇心推动的以自由探索为目的的基础研究（即图2-8中的波尔象限）；第二种是以商业化用途为目的的基础研究，也就是以运用为导向的基础研究（即图2-8中的巴斯德象限）。在巴斯德象限中，学研机构的研究不再是以自由探索为目的的基础研究，而是以解决技术问题为导向的基础研究，所以在该领域的基础研究也吸引了企业的兴趣，也容易获得来自产业界科研资金的支持。尤其在一些国家的公共财政资金对学研机构科研支出不断压缩的背景下，学研机构为了维持科研活动的正常运行，也变得更为积极地寻求新的资金来源，尤其是产业界的资金。既然产业界将研发基金注入学研机构，就希望学研机构能够为其研究创新提供服务。那么对于学研机构而言，与企业加强合作对它的学术研究及绩效会带来什么样的影响呢？现有研究对该议题仍然存在着较大的争议[186]。

一部分研究认为学研机构与企业加强合作对学术研究起到正向促进作用[176,187-190]。例如，Azoulay等（2009）研究发现科学家在参与产学研合作过程，由于他们同时参与学术科学研究和以产业为导向的技术研究过程，铸造了他们敏锐的洞察力和获得更多发展的学习机会[187]。挪威学者Gulbrandsen和Smeby（2005）进行调研，发现积极参与产学研合作的大学学者获得更好的绩效[188]。为什么这些研究发现学研机构参与产学研合作对其学术绩效带来正向影响？这是因为学研机构与企业加强合作有利于把握市场最新的技术需求和机会，反推相关学科和科学研究的发展[176]。此外，学研机构与企业建立紧密的合作关系，那么学研机构可以充分利用企业作为实践场所去检验一些新理论发现，促进理论研究的不断发展[191]。最后，学研机构参与产学研合作有助于从产业界获取研发经费用于支持研发活动的开展，有助于提升研发绩效[189,190]。

另外一部分研究则认为学研机构与企业加强合作对其学术研究起到负面影响[192-194]。这是因为时间精力和研发资源的有限性，假若与企业建立合作关系，需要迎合企业的需求来从事各种技术开发与商业化活动，会分散学研机构从事学术研究的精力[192,193]，即存在“挤出效应”，这会损害到学研机构的学术绩效[194]。此外，学研机构与企业建立合作关系，很容易受到企业商业化激励机制的影响，那么学研机构可能会改变一贯遵循的科学研究优先性、公开性、科学自由等原则，转向对科研成果采取保密、延迟或回避发布等措施[195]。这意味着参与产学研合作容易导致学术界“科学共和国”属性的坍塌，使得具有“公有品”属性的科学研究变得更加商业化和私有化[186]，这造成一个不良的局面：基础研究的一些关键数据和隐性知识没有得到及时公开[196]，给知识链上游多样化研究和实验开展带来不利的影响，从而对学研机构的学术研究带来负面影响[197,198]。

此外，还有一些研究发现学研机构与企业加强合作对其学术绩效没有带来负面影响[188,199]或呈现出倒U形影响[200]。这表明了现有研究对于学研机构参与产学研合作对学术绩效的影响关系这个议题仍然存在着较大的争议。此外，现有很多研究仅停留在简单分析产学研合作与学研机构学术绩效之间的影响关系，并没有对它们之间的影响机理和作用路径做进一步的剖析，导致它们之间影响“黑箱”尚未得到揭示。最后，现有研究主要在西方发达国家现实情境下分析学研机构参与产学研合作对其学术绩效的影响关系，较少发现有相关文献考虑我国产业界科技创新能力水平普遍较低的现实情境，从学研机构的角度挖掘产学研合作与学术绩效之间的影响机理及作用路径，导致学术界对我国学研机构参与产学研合作对其科学研究的开展和知识创造能力带来什么样影响这个重要议题的理论认识仍然不够明晰。

2.3.3 产学研合作网络的相关研究

在当今网络化时代，伴随着产学研合作日趋网络化[7]，学术界开始基于社会合作网络的理论视角来探究产业部门、大学和科研院所之间的合作与互动[17,18]。社会合作网络理论其实可以追溯到20世纪30年代，当时著名学者Burt在对人类社会关系与经济活动关系进行研究时，首次提出社会网络的概念[201]。20世纪60年代，社会合作网络理论被引入到管理学研究领域。尤其最近20多年以来，在计算机性能不断提升和互联网技术迅猛发展的背景下，社会网络分析在管理学领域已成为备受欢迎的研究范式[22]。

传统的管理学研究范式对个体特征给予较多的关注，较为忽视活动主体之间关系及所构成的合作网络。然而，社会网络分析范式并不拘泥于个体特性研究，而是更注重于从网络的视角来分析活动主体之间的互动与联系，其中包括个体之间的联系[202-204]、组织之间的联系[205-207]、区域层面和国家层面之间的联系[208-210]。在社会网络研究中，个体、团队、组织、区域与国家等不同层次主体在网络中视为“节点”，网络节点之间建立的互动关系构成了网络中的“边”，这些网络节点与边都嵌入到社会网络中，那么网络节点所处于的网络位置、与其他节点之间的联结强度以及所嵌入网络的整体特征均对其网络资源获取能力起到促进或约束作用，进而影响到网络节点组织学习的开展和创新绩效的实现[211-213]。

总体而言，现有学者已经对合作网络如何影响创新绩效的实现给予较多关注，例如，有学者研究了网络位置[214,215]、网络联系[216,217]、网络结构[212]等特征对活动主体的创新绩效产生影响。通过梳理现有研究，发现学者主要从三个视角来分析合作创新网络如何给活动主体绩效带来影响，这三个视角分别是资源观、演化观和持有能力观。

首先，一些研究是从资源观的角度来对合作创新网络给绩效所带来的影响进行分析。在合作创新网络中，创新主体之间的互动与合作有利于整合各类资源，那么对创新主体的绩效带来正向影响。例如，陈子凤和官建成（2009）对九个创新型国家（或地区）的创新合作网络进行研究，发现创新网络的“小世界”特征对创新发生起到正向促进作用[218]。Ozbugday 和 Brouwer（2012）以荷兰制造业创新网络为研究对象进行分析，发现网络节点（企业）之间合作不断增强对产业技术创新绩效带来显著的促进作用[219]。持有资源观视角来研究创新网络效应问题的学者容易忽视创新网络的动态特征和个体属性可能给活动主体绩效带来影响，而更多地关注静态创新网络结构给活动主体绩效带来影响。

其次，一些研究是从演化观的角度来探讨创新网络给绩效带来的影响。在创新合作网络中，活动主体之间过强或过弱的合作强度均不利于创新绩效的提升，而保持适当的合作强度则有利于提升创新绩效。换言之，网络中活动主体之间合作强度对创新绩效呈现出倒 U 形影响。例如，Beaudry 和 Schiffauerova（2011）以加拿大的纳米科技领域合作创新网络为研究对象，发现活动主体之间冗余合作对技术创新绩效带来负面影响[220]。Broekel 和 Boschma（2012）对德国电子行业的区域合作网络进行分析，发现网络节点（区域）之间合作强度对创新绩效呈现出倒 U 形影响[221]。换言之，区域与区域之间保持适当的合作关系有利于获取更高的创新绩效。总体上，持有演化观视角来研究网络影响效应问题的学者对动态合作创新网络给予较多关注，但是对合作创新网络如何影响活动主体的创新绩效、其内在影响过程及机制等问题仍然没有得到很好的解答。

最后，一些研究是从持有能力观的角度来对创新网络所带来的影响进行分析。这些研究认为创新网络对活动主体创新绩效的影响需要考虑主体自身的能力，因为创新网络对活动主体而言是一个资源平台，主体能否有效地将网络资源转化成绩效还取决于主体自身能力大小。换言之，活动主体凭借自身的能力对网络资源进行整合与利用后，才有可能获得更好的绩效。例如，Døving 和 Gooderham（2008）以挪威 254 个小企业所参与的创新合作网络为例进行研究，发现企业自身持有的网络能力对其绩效的影响非常显著[222]。Graf（2011）对德国 4 个区域创新合作网络进行研究，发现处于网络“结构洞”位置上的活动主体绩效明显受到其自身吸收能力的影响[223]。张华和郎淳刚（2013）以美国生物科技产业创新网络为研究对象，发现网络资源（关系）状况与活动主体自身能力高低对创新绩效存在着交互影响关系[224]。Gilsing 等（2008）以化工、制药等领域的企业间合作网络为研究对象，发现网络节点间的认知距离（技术距离）与网络结构（中心度和网络密度）的交互关系对创新绩效具有重要的影响[225]。总体上，持有能力观视角来研究网络影响效应问题的学者更多地关注网络资源与活动主体自身能力对绩效的交互影响机理，强调创新网络（资源）关系对活动主体绩效的调节作用或间接影响。

总之，国内外学者已经对合作创新网络如何影响创新绩效的相关议题展开了较为丰富的研究。值得关注的是，现有大多数研究主要以产业界合作创新网络为研究背景，探究企业间所建立的合作网络关系如何对企业绩效产生影响；较少文献以产学研合作网络为研究对象，系统地研究其网络演化模式及影响效应等议题。伴随着大学、科研院所与企业等创新主体建立起日趋网络化的合作关系[226]，从社会合作网络视角对产学研合作展开研究显得非常迫切与重要。然而，目前搜寻到较为零星相关文献[17,18,184,227-229]均采取实证方法，简单地论述产学研合作网络结构特征与创新组织绩效之间影响关系，尚未发现有相关研究进一步挖掘产学研合作网络与创新组织绩效之间影响“黑箱”。那么，产学研合作网络对活动主体的创新绩效带来什么影响？影响机制与路径是什么？这些议题有待进一步研究与丰富。

2.4 海洋战略性新兴产业的产学研协同创新研究

迄今，我国海洋战略性新兴产业仍然面临诸多发展问题和障碍，最为突出的问题是产业界与学术界脱节，学术界研究成果并没有及时为产业界提供有力的科技创新支撑。其实，产学研合作创新是海洋战略性新兴产业实现可持续发展和产业升级的重要动力，它不仅可以激发海洋战略性新兴产业的发展潜力，还有效地提升产业的可持续发展水平，所以海洋战略性新兴产业的产学研合作创新是一个值得探讨的重要议题[19,230]。

通过对现有文献进行梳理，发现近年来学术界开始关注海洋战略性新兴产业的产学研合作创新相关议题并展开研究。例如，张艺和龙明莲（2019）探讨海洋战略性新兴产业的产学研合作创新机制议题，发现我国涉海类企业与学研机构在创新价值链上合作互动出现了“脱节”问题，尚未形成“创新链前端的基础研究促进后端的产业技术开发和生产经营，创新链后端进一步反哺前端”的良好态势[19]。张艺等（2019）以一个典型的海洋战略性新兴产业——海洋生物医药产业为研究对象，对该领域的产学研合作网络特征、演化历程及影响展开系统研究，发现产学研合作网络特征对创新组织的科学绩效具有显著的影响，但是创新组织在产学研合作网络中的合作广度与深度仍然处于较低水平，有待进一步提升[230]。总体上，学术界对海洋战略性新兴产业的产学研合作创新相关议题的探讨仍然较为缺乏，有待进一步深入研究与丰富。

2.5 现有研究的评述

通过对现有研究进行细致的梳理后，本书认为现有研究尚存在以下不足：

第一，以海洋战略性新兴产业为研究题材的相关研究仍然不够丰富，与之相关的理论体系及研究范式尚未成熟。尽管近年来国内学者围绕着海洋战略性新兴产业的内涵特征、影响因素、产业选择方法和培育体系构建、产业发展趋势预测、产业发展问题与制度安排等议题展开了一系列研究，但现有研究成果在内容的广度和深度上相较于学术界以“战略性新兴产业”为题材的整体研究相比仍然存在着较大的不足[19,230]，导致我国在实施“海洋强国”战略决策过程中缺乏足够的理论依据和决策支持。

第二，国内学者对海洋战略性新兴产业的产学研合作网络模式仍然缺乏足够的理论认识。自从1992年我国产学研合作正式启动以来，我国学术界对产学研合作的组织模式和治理机制、组织间关系与演变、动因与影响因素、交易成本及制度安排、合作效果评价等方面展开了较为丰富的研究[68,89]，但是现有研究仍然较为缺乏从社会网络分析视角来探究海洋战略性新兴产业领域所呈现出日趋网络化的产学研合作模式。

第三，尚未揭示产学研合作网络对海洋战略性新兴产业的活动主体创新绩效的影响路径及作用机理。随着产学研合作日趋网络化，已有学者从社会网络理论视角来考究产学研合作与活动主体绩效之间的影响关系[175,182,184,227]，但是现有研究直接检验产学研合作网络与创新组织绩效之间影响关系，并没有进一步对产学研合作网络与活动主体创新绩效之间作用机制做进一步的剖析。

第四，较为缺乏同时从企业和学研机构的视角对产学研合作展开研究。经过对现有国内外文献进行系统梳理，发现学术界对产学研合作这个议题展开较为丰富的研究。值得关注的是，现有研究要么从企业的视角[151,170,171]，要么从学研机构的视角[75,156-158,160]来探讨产学研合作，较少有学者［除了 Mindruta（2013）[177]和张艺等（2018）[178]］同时从双方视角来探讨产学研合作，导致学术界对学研机构与企业在参与产学研合作过程中互动模式及能力绩效演变过程仍然缺乏全面认识。

3

海洋战略性新兴产业的基础研究竞争力发展态势研究

自从党的十八大提出建设“海洋强国”重大战略以来，党和国家将海洋开发和海洋事业提到一个前所未有的高度，把海洋与国家民族的前途命运紧密地结合在一起。加快培育与发展以知识密集和高科技为首要特征的海洋战略性新兴产业，以实现我国海洋经济结构的深度调整和升级换代，对改变海洋经济发展方式，抢占新一轮的经济和科技制高点具有重要意义。不可忽视的是，我国海洋战略性新兴产业起步较晚，关键行业技术严重依赖外国，整体上没有摆脱“高端产业，低端技术”的发展模式，将限制着海洋强国建设战略目标的实现。

由于海洋战略性新兴产业是一个知识密集型的高科技产业，它得以发展主要依赖于产业核心技术的发展[231]，而产业核心技术的突破则建立在基础研究之上。因此，基础研究是海洋战略性新兴产业实现“又好又快”发展的重要根基，是实现自主原始创新的重要源泉[64,178]。鉴于此，对海洋战略性新兴产业的基础研究领域展开研究，对把握该领域的发展态势和明晰我国基础研究竞争力与西方海洋强国在该领域所存在差距具有重大的理论和实践意义。然而，经过对现有研究的梳理，发现关于海洋战略性新兴产业的研究仍然不够丰富，与之相关的海洋产业理论、研究框架及范式尚未成熟[4]。现有研究主要基于专利视角来分析海洋战略性新兴产业的技术创新状态，发现大学和科研院所是主要研究主体，海洋生物医药研究的市场化程度仍然不足，该领域仍然处于大学和科研院所为主导的基础研究阶段[232]。这表明对海洋战略性新兴产业的基础研究领域展开研究非常有必要，然而相关研究仍然较为缺乏。

海洋生物医药产业作为海洋战略性新兴产业所包含的六个子产业（海洋新能源产业、海洋高端装备制造产业、海水综合利用产业、海洋生物医药产业、海洋环境产业和深海矿产产业）的重要组成部分，具有知识密集、技术含量高、多学科高度综合互相渗透等特征，是海洋战略性新兴产业的典型代表。近年来，海洋生物医药被许多国家提到战略发展层面来，国外海洋强国如美国、英国、西班牙纷纷制定海洋生物医药产业发展规划，不断地在海洋生物医药领域加大研发投入，并将其视为“蓝色经济”增长点加以培育发展。鉴于此，本章以海洋生物医药产业为研究对象来展开研究，使用文献计量和基础研究竞争力指数来探究该领域的基础研究发展态势及主要国家的基础研究竞争力。一方面，本章的研究弥补现有文献较为缺乏分析海洋战略性新兴产业的基础研究发展态势所带来的不足，从文献计量的视角来丰富海洋战略性新兴产业研究领域的理论与实证研究；另一方面，本章使用基础研究竞争力指数来对我国与其他海洋强国在海洋战略性新兴产业领域的基础研究创新力进行定量分析和比较，以揭示在该领域开展产学研合作创新的紧迫性和必要性，所得到的研究发现将对我国实施“海洋强国”战略以及如何通过产学研合作创新这个重要“抓手”来推动海洋战略性新兴产业实现高质量发展提供新的理论依据及启示。

本章的章节安排如下：首先，提出本章的研究框架，为本章后续开展各个维度研究奠定基础；其次，阐述本章的数据来源，对SCI-E数据库所收录的海洋生物医药产业领域的文献数据进行下载与整理；再次，基于所收集的数据，采取科学计量法和竞争力指数测度法进行系统研究，揭示海洋生物医药研究领域的整体发展态势和主要国家在该领域的竞争格局；最后，基于量化分析结果归纳出本章的研究发现，并提出理论和实践启示以及政策建议。

3.1 研究方法

3.1.1 研究框架

基础研究是科技发展的重要基石[15]，是提升新兴产业科技竞争力的重要保证。如何有效地对新兴产业的基础研究状况进行分析已经成为社会各界关注的议题。由于基础研究的重要产出是学术论文，近年来许多研究[14,15,164]均从发表学术论文角度来探讨某领域的基础研究活动。鉴于此，本研究以 SCI-E（科学引文索引）数据库所收录的海洋生物医药研究领域学术论文为数据来源，通过以下研究框架（如图 3-1 所示），采取文献计量和基础研究竞争力指数来对海洋生物医药产业的基础研究领域展开分析，为把握该研究领域的基础研究发展状况及世界主要国家在该领域的竞争发展态势提供一定参考。

首先，采取文献计量方法来对海洋生物医药产业的基础研究领域整体态势展开分析。文献计量是一种客观揭示学术研究活动的量化分析工具[164]，通过对历年文献发表数量、研究方向、研究机构和

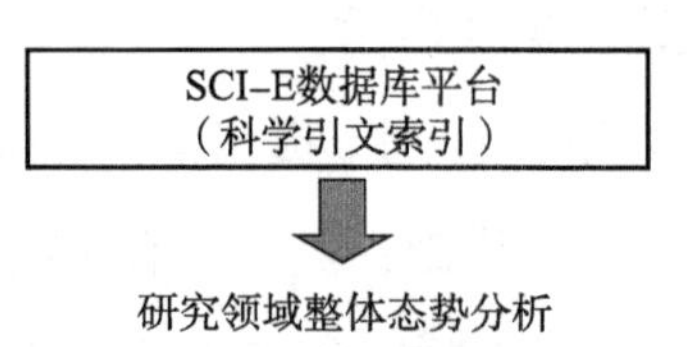

研究领域整体态势分析

发表时间分布（年度发文数量）	研究方向分布（发文最集中学科类别）	研究机构分布（发文最多研究组织）	载文期刊分布（SCI分区期刊载文趋势）

基础研究竞争力分析

发文数量分析（发文数量最多国家）	活跃指数分析（科研最活跃国家）	影响指数分析（科研最有影响力国家）	效率指数分析（科研效率最高国家）

图 3-1　研究分析框架

载文期刊来诊断基础研究领域发展态势，所采取的可量化手段有助于克服同行评议可能带来的主观性，目前已经被许多研究[164,233,234]所采用。鉴于此，本章采取文献计量的方法来对我国海洋生物医药研究领域学术论文展开分析，主要从论文发表时间、研究方向、研究机构和载文期刊分布四个维度展开研究。

其次，通过文献发表的绝对指标和相对指标来分析各国在海洋生物医药基础研究领域竞争格局和发展态势。一方面，从文献数量的绝对值来统计各国在基础研究领域的活跃状况和影响力；另一方面，本章借鉴 Zhang 等（2016）[14]、陈凯华等（2017）[15]所构建或完善的活跃指数、影响指数和效率指数三个相对指标，依次对主要国家在海洋生物医药领域的基础研究竞争力的演化态势进行追踪分析，以把握该研究领域的国际竞争态势。

3.1.2　数据来源

本章的数据来源于 SCI-E 数据库，它是大型权威数据库 Web of Science 的重要组成部分。众所周知，Web of Science 数据库收录的期刊质量较高，时间跨度很长（超过 100 年），而且连续动态更新，能够为用户提供及时、准确、有意义的权威数据，有助于用户对某研究领域展开全面深入分析[89,164]。

本研究以美国的国家海洋基金旗下海洋生物技术网址上所列出的 36 种海洋生物医药名称为依据，通过与海洋生物医药研究领域的三位专家进行充分交流并征求他们的意见后，最终将检索该研究领域文献的关键词确定如下：*TS* =（*Aplidine OR Anabaseine OR Bryostatin* * *OR Bengamide OR Curacin* * *OR Cryptophycin OR Contignasterol OR Dolastatin OR Discodermolide OR Didemnin* * *OR Diazonamide* * *OR Debromohymenialdisine OR Dictyostatin OR* "*ET* - *743*" *OR Eleutherobin OR Girodazole OR Girolline OR Hemiasterlin OR Halichondrin OR* "*KRN*-*7000*" *OR Kahalaide OR Laulimalide OR Latrunculin OR Lasonolide OR Manzamine* * *OR Manoalide OR Neovastat OR Pseudopterosin OR Peloruside* * *OR Sarcodictyin OR Salicylihalamide OR Squalamine OR Spisulosine OR Topsentin OR Thiocoraline OR Vitilevuamide OR Ziconotide*）。检索年份跨度：1900—2017 年；检索时间：2018 年 10 月 15 日下午。一共检索出 7612 篇 SCI 文献。

3.2　研究结果

3.2.1　研究领域整体状况

为了把握海洋生物医药产业的基础研究领域整体态势，本章依照图 3-1 所示的研究框架，采用文献计量方法，分别从论文发表时间分布、研究方向分布、研究机构分布和载文期刊分布四个维度进行分析。其中，发表时间分布是指 SCI-E 数据库所收录的海洋生物医药基础研究领域历年发表的学术论文数据分布，通过分析历年学术论文数量的多寡来获知该研究领域冷热程度的演变过程。研究方向分布是指海洋生物医药文献所属学科类型的分布状态，通过对研究方向分布状态进行分析可以获知该领域的主流研究视角和研究范畴等有价值信息。研究机构分布是指海洋生物医药文献主要由哪些研究组织生产发表，通过分析可以获知哪些研究机构在本研究领域比较活跃和具有影响力。载文期刊分布是指对不同 SCI 分区所刊载海洋医药生物产业论文的变化趋势进行分析，为追踪该研究领域发展方向打开一扇“窗口”[164]。

3.2.1.1 发表时间分布

通过对海洋生物医药研究领域历年文献发表数量进行分析，发现海洋生物医药研究领域经历了三个发展阶段，如图 3-2 所示。

图 3-2　历年论文发表数量

（1）缓慢发展期：1963—1985 年。在 20 世纪 60 年代初，海洋生物医药开始引起世界海洋强国的关注[235]。其中，日本是较早关注与发展海洋生物医药产业的主要国家之一[236]。早在 1909 年，日本学者田原良纯提取一种粗品毒素——河豚毒素，激发学术界对海洋生物医药研究领域广泛关注。海洋生物医药领域最早一篇研究文献出现在1963年，日本学者 Kamimura and Yamamoto（1963）探究海洋类药物的抗病毒活性与化学结构之间的关系[237]，开启了海洋生物医药领域的研究先河。随后文献发表数量处于缓慢增长状态，每年发表论文数量均在10篇及以下，一直持续到1985年。

（2）快速增长期：1986—2004年。自从20世纪80年代开始，西方发达国家的科技新兴产业得到蓬勃发展，其中包括生物制药产业。伴随着生物科技发展日新月异，药物研究逐渐由陆地转向海洋。陆地动植物所蕴含的功能活性物质无法满足于治疗那些困扰着人类的各种重大疾病，包括癌症、艾滋病、心脑血管疾病，而海洋生物所处的环境远比陆上复杂，也造就了它们蕴含着陆生动植物所不具备的抗肿瘤、抗菌、抗病毒和抗心脑血管病变的特异化学结构活性成分。由于海洋生物具有较大的药用价值，为人类攻克癌症、艾滋病、心脑血管疾病等重大疾病拓展了天然药用来源，于是公众开始寄希望于海洋生物医药技术的发展，海洋生物医药被认为是最有发展前景的产业之一。在此背景下，海洋生物医药的研发得到追捧，各国纷纷加大对该领域的研发投入，掀起了以海洋生物资源开发为标志的“蓝色革命”浪潮[238]，也引起学术界的广泛关注。通过对本阶段所发表重要文献进行系统梳理，发现海洋生物医药的重点研究领域主要包括海洋抗癌药物研究、海洋抗菌、抗病毒药物研究、海洋免疫调节作用药物研究、海洋心脑血管药物研究、海洋泌尿系统药物研究、海洋消炎镇痛药物研究等。例如，美国学者在 Nature 子刊 Medicine 发表重要研究成果“The orphan nuclear receptor SXR coordinately regulates drug metabolism and efflux（孤核受体 SXR 协调调节药物代谢和外排）”，揭示了海洋生物所蕴含活体成分 ET-743 是一种有效的抗肿瘤药物[239]，引发了学术界对海洋生物医药抗肿瘤活性成分研究热潮。

（3）震荡调整期：2005—2017 年。值得关注的是，海洋生物医药研究领域在本阶段论文发表数量有所递减，由最高峰的 402 篇下降到 2017 年的 235 篇，这表明该领域的研究热度有所下降。经过和海洋生物医药研究领域相关专家进行交流，得知这与近年来该领域海洋药物研发遇到了“瓶颈”存在着较大关系。此外，2008 年的金融危机也是导致该领域研发热度有所递减的一个很重要的外部原因。由于海洋生物所具有的特异化学结构与其药效活性存在着较大关系，Spek（2009）在生物化学研究领域的重要期刊《Acta crystallographica section d-biological crystallography》上发表了高被引 ESI 文章“Structure validation in chemical crystallography（化学结晶学中的结构验证）”，充分阐述了化学结晶自动结构验证的现状及未来发展方向[240]，为海洋生物制药的抗肿瘤、抗菌和抗病毒及抗心脑血管研发领域的技术突破奠定了重要的前期基础。

3.2.1.2　研究方向分布

通过对研究方向分布状况进行分析，获知海洋生物医药文献涉及 64 个学科类别，表明海洋生物医药研究领域是一个外延性较广的跨学科研究领域。对最主要的 10 个研究方向进行分析（见表 3-1），发现海洋生物医药的研究方向主要集中在化学、药理学、肿瘤学等类别上。这表明海洋生物医药研究领域与化学、医学存在着较多交集，学术界主要从化学、药理学、肿瘤学等学科视角来开展海洋生物医药研究。其实，海洋生物医药所包含的大部分合成药属于化学和医学的研究范畴。癌症、感染性疾病以及神经系统疾病是严重威胁人类健康的几种常见病和多发病，给人类健康带来了极大的危害。因此，如何防治这些疾病并寻求疗效更好的药物，成为社会各界十分关注的问题。陆上动植物所蕴含的活性物质不能满足抗肿瘤、抗菌、抗病毒和抗心脑血管病变药物需求的背景下，生活在海洋高盐、高压、低温、少氧、无光照环境下的海洋生物具有不同于陆上动植物的活性成分合成机制和分子结构，蕴含着许多陆上动植物所没有的特殊功能活性物质，为抗肿瘤、抗菌、抗病毒和抗心脑血管病变新药研发提供重要的药物来源[236]。所以，海洋生物医药研究领域的一个很重要研究方向是通过分子或细胞生物技术以及生物化学手段对海洋生物提取有效的药物成分，用于抗肿瘤、感染性疾病、心脑血管疾病以及神经系统疾病研究。这也就是为什么该领域的研究方向与肿瘤学、神经学和血液学相关，涉及的学科领域包括分子生物学、细胞学和植物学。总之，海洋生物医药研究领域是一个知识密集、多学科互相渗透的新兴研究领域。

表 3-1　海洋生物医药文献涉及最多的 10 个研究方向

序号	研究方向	记录（篇）	占比（%）
1	CHEMISTRY（化学）	2730	35.031
2	PHARMACOLOGY PHARMACY（药理学）	1517	19.466
3	ONCOLOGY（肿瘤学）	1128	14.475
4	BIOCHEMISTRY MOLECULAR BIOLOGY（分子生物学和生物化学）	1033	13.255
5	CELL BIOLOGY（细胞学）	734	9.419
6	PLANT SCIENCES（植物科学）	411	5.274
7	NEUROSCIENCES NEUROLOGY（神经学）	333	4.273
8	SCIENCE TECHNOLOGY OTHER TOPICS（其他生物技术）	223	2.862
9	HEMATOLOGY（血液学）	199	2.554
10	RESEARCH EXPERIMENTAL MEDICINE（实验医学）	187	2.4

3.2.1.3　研究机构分布

通过对研究机构分布进行分析，获知全球一共有 3347 个研究机构曾经发表过生物医药研究领域的文章。经过统计该领域最活跃的10个研究机构（见表3-2），发现这些研究机构均来自欧美等发达国家，尤其是美国，表明欧美等国在海洋生物医药研发上具有较大的优势。通过对这些研究机构的组织属性进行分析，发现海洋生物医药领域的研究主力是大学和科研机构，例如加州大学、美国国立卫生研究院、美国肿瘤研究所。这可能与海洋生物医药研发高风险、高投入、长周期的特征有关，导致很多企业对该领域望而却步，因此迫切需要政府来支持大学和科研机构这些研发实体来开展基础研究。

表3-2　海洋生物医药文献发表量最多的10个组织

序号	研究机构	国家	记录（篇）	占比（%）
1	UNIVERSITY OF CALIFORNIA（加州大学）	美国	455	5.839
2	NATIONAL INSTITUTES OF HEALTH NIH USA（美国国立卫生研究院）	美国	369	4.735
3	NIH NATIONAL CANCER INSTITUTE NCI（美国肿瘤研究所）	美国	293	3.76
4	PHARMAMAR（法玛玛公司）	西班牙	276	3.542
5	ARIZONA STATE UNIVERSITY（美国亚利桑那州立大学）	美国	255	3.272
6	UNIVERSITY OF TEXAS SYSTEM（美国得克萨斯大学）	美国	235	3.016
7	CENTRE NATIONAL DE LA RECHERCHE SCIENTIFIQUE CNRS（法国国家科学研究院）	法国	224	2.874
8	UNIVERSITE COTE D AZUR COMUE（法国阿祖德大学）	法国	214	2.746
9	HARVARD UNIVERSITY（哈佛大学）	美国	198	2.541
10	UNIVERSITY OF PENNSYLVANIA（宾夕法尼亚大学）	美国	178	2.284

值得关注的是，在这10个主要研究机构当中，来自西班牙的PharmaMar（法玛玛公司）是唯一来自产业界的研究组织。法玛玛公司是西班牙海洋药物企业巨头，隶属于西班牙Zeltia生化科技集团。

它在过去20多年时间里一直致力于海洋生物新药研发，曾经在海洋生物活性分子中辨别和提取出许多抗肿瘤的活性物质，在海洋抗肿瘤药物的研发上起到引领作用。目前，法玛玛公司已经将研发领域延伸到知识链上游的基础研究环节。与国外研究机构相比，我国研究机构在海洋生物医药领域的研究活跃程度仍然较低而且研究力量较为分散，国内海洋生物医药企业更少关注基础研究，其基础研究创新能力与国外同行相比存在着较大差距。

3.2.1.4　载文期刊分布

期刊是研究成果展示的一个重要平台，通过对处于不同JCR分区的SCI期刊所发表海洋医药生物论文的变化趋势进行分析，有助于了解该领域基础研究是否具有较高的研究价值和地位。鉴于此，本章借助Web of Science平台进行梳理，结果如图3-3所示。发现全球一共有1215种期刊曾经刊发过海洋生物医药研究领域的文献。其中，在JCR分区中属于Q1区的期刊一共有521种，占期刊数量的42.88%；属于Q2区的期刊一共有385种，占期刊数量的31.69%；属于Q3区的期刊一共有245种，占期刊数量的20.16%；属于Q4区的期刊一共有64种，占期刊数量的5.27%。在1997—2017年期间，海洋医药生物研究领域大多数研究成果（一共3379篇）发表在Q1区的期刊，另外有1440篇文献发表在Q2区的期刊，较少文献（798篇）发表在Q3和Q4区的期刊上。由此可知，较多研究成果主要在Q1或Q2重要期刊上发表，这充分表明了海洋生物医药研究成果普遍具有较大的影响力。

此外，通过对载文期刊做进一步分析，发表文献最多的10种期刊见表3-3。总体而言，这10种期刊主要来自有机化学、生物学和医学领域，发表海洋生物医药文献最多的三种期刊是TETRAHEDRON LET-

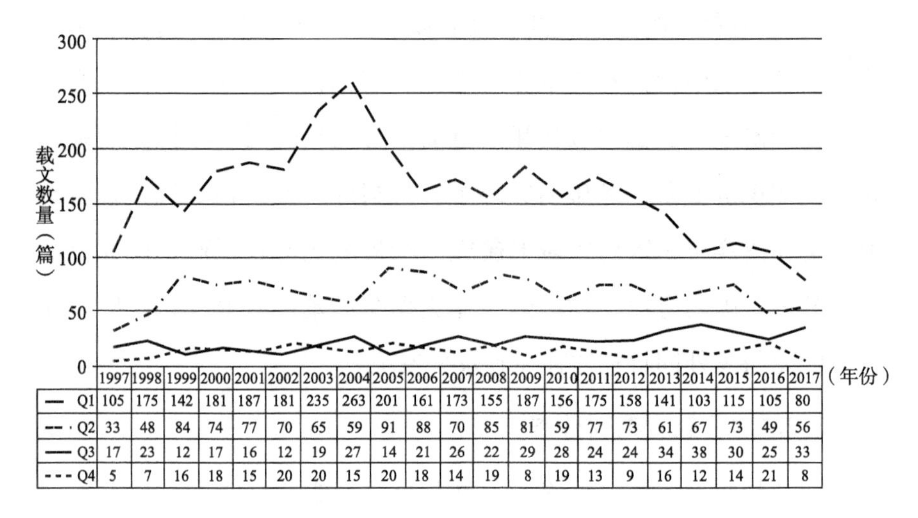

图 3-3　JCR 分区的 SCI 期刊载文分布图（1997—2017 年）

TERS、ORGANIC LETTERS、JOURNAL OF ORGANIC CHEMISTRY，它们均是有机化学领域的重要期刊，一共有 857 篇文献发表在这些期刊上。此外，这些期刊大部分在 JCR 分区 Q2 区以上，侧面反映了海洋生物医药研究成果具有较高的研究价值和地位。

表 3-3　发表海洋生物医药文献最多的 10 种期刊

序号	载文期刊	JCR 分区	影响因子	记录（篇）	占比（%）
1	TETRAHEDRON LETTERS（四面体快报）	Q2	2. 125	349	4. 478
2	ORGANIC LETTERS（有机快报）	Q1	6. 492	282	3. 619
3	JOURNAL OF ORGANIC CHEMISTRY（《有机化学》杂志）	Q1	4. 805	226	2. 9
4	JOURNAL OF NATURAL PRODUCTS（《天然产物》杂志）	Q1	3. 885	187	2. 4
5	TETRAHEDRON（四面体）	Q2	2. 377	181	2. 323
6	JOURNAL OF THE AMERICAN CHEMICAL SOCIETY（美国化学学会期刊）	Q1	14. 357	167	2. 143
7	JOURNAL OF BIOLOGICAL CHEMISTRY（《生物化学》杂志）	Q2	4. 011	165	2. 117

续表

序号	载文期刊	JCR 分区	影响因子	记录（篇）	占比（%）
8	CLINICAL CANCER RESEARCH（临床癌症研究）	Q1	10. 199	146	1. 873
9	BIOORGANIC MEDICINAL CHEMISTRY LETTERS（生物有机药物化学快报）	Q3	2. 442	105	1. 347
10	ANGEWANDTE CHEMIE INTERNATIONAL EDITION［应用化学（国际版）］	Q1	12. 102	104	1. 335

由表 3-3 可以获知，TETRAHEDRON LETTERS 是发表海洋生物医药研究领域文献最多的期刊，一共有 349 篇文献发表在该期刊上，占全球在该领域文献发表量的 4. 478%。众所周知，TETRAHEDRON LETTERS 是一本历史悠久的有机化学领域老牌杂志。该期刊 2017 年的 Impact Factor 指数为 2. 125，在 JCR 分区中属于 Q2 区。较多海洋生物医药研究文献在化学期刊 TETRAHEDRON LETTERS 上发表，表明很多学者基于有机化学视角对海洋生物所蕴含的活性化合物展开研究。发表文献量排名第二的期刊是 ORGANIC LETTERS。该期刊是美国化学学会旗下的重要期刊，同样在有机化学研究领域有很大的影响力。该期刊 2017 年的 Impact Factor 指数为 6. 492，在 JCR 分区中属于 Q1 区。发表该研究领域文献量排名第三的期刊是 JOURNAL OF ORGANIC CHEMISTRY，也是美国化学学会旗下的重要期刊。它在 JCR 分区中属于 Q1 区，该期刊在 2017 年的 Impact Factor 指数为 4. 805。较多文献在有机化学领域的重要期刊发表，表明从事海洋生物医药研究的很多学者来自有机化学领域，从事探索活性化合物的基础研究。此外，不少文献在生物学领域的重要期刊上发表，例如 OURNAL OF NATURAL PRODUCTS、JOURNAL OF BIOLOGICAL CHEMISTRY，还有一些文献在医学领域权威期刊 CLINICAL CANCER RE-

SEARCH 上发表。海洋生物医药研究领域文献在多个领域的期刊上发表，说明该领域的研究视角多样化，也表明该领域属于一个交叉学科的研究领域。

3.2.2 基础研究竞争力

为了分析各国在海洋生物医药基础研究领域的竞争态势以及我国在该研究领域所处的位置，本章节首先对海洋生物医药基础研究领域最活跃的 10 个国家进行识别，然后在此基础上使用 Zhang 等（2016）[14]和陈凯华等（2017）[15]所构建的活跃指数、影响指数和效率指数，依次对我国与 4 个标杆国家进行横向和纵向国际化比较，探究我国在海洋生物医药研究领域的位置和发展态势，明晰我国与海洋科技强国在基础研究领域的差距。

3.2.2.1 发文数量分析

学术论文发表量的多寡能够反映某国在某研究领域的关注程度和科研投入状况。通过对各国所发表的海洋生物医药文献量进行统计分析，得知一共有 67 个国家（或地区）曾经发表过相关学术论文，这表明海洋生物医药的研究已经引起了许多国家（或地区）的关注。表 3-4 列出了文献发表量最多的 10 个国家，其中美国发表的论文最多，高达 4099 篇，占该研究领域所发表全部文献的 52.598%，这表明相比于其他国家，美国对海洋生物医药给予更多的关注与科研投入。另外，发表论文最多的国家依次是日本、英国、西班牙、德国、法国、中国、意大利、加拿大和印度。其中，中国排名在第 7 位，一共发表 343 篇文献，全球占比仅为 4.401%，与美国相比差距仍然非常大。由表 3-4 得知，除了中国和印度是发展中国家外，其余 8 国均是发达国家。这从侧面反映了目前海洋生物医药研究在发达国家备受关注，尤其美国发表文献数量遥遥领先，占全球文献量的一半以上，这表明全球海洋生物医药的研究重镇在美国。

表 3-4 论文发表量最多的 10 个国家

序号	国家/地区	记录（篇）	占比（%）
1	USA（美国）	4099	52. 598
2	JAPAN（日本）	661	8. 482
3	ENGLAND（英国）	531	6. 814
4	SPAIN（西班牙）	495	6. 352
5	GERMANY（德国）	446	5. 723
6	FRANCE（法国）	438	5. 62
7	PEOPLES R CHINA（中国）	343	4. 401
8	ITALY（意大利）	342	4. 389
9	CANADA（加拿大）	328	4. 209
10	INDIA（印度）	181	2. 323

其实，美国是全球最早关注和大力发展海洋生物医药的国家之一。具体而言，早在 1955 年，海洋天然产物衍生物阿糖胞苷被美国食品药品监督管理局批准上市，这标志着美国海洋生物医药研究成果开始由实验室走向市场，向产业化方向迈出重要一步。在 2004 年，ω-芋螺毒素 MVIIC 被批准推向市场，这成为美国在 21 世纪海洋生物医药产业化过程中另外一个标志性事件。其实，美国海洋生物医药产业的不断发展离不开联邦政府对该领域基础研究大力支持。比如，早在 1967 年，美国联邦政府卫生研究院开始设立国家海洋医药和药理学研究所来推动海洋药物研究，同时美国联邦政府组建一批海洋生物医药研究中心，其中包括加州大学海洋生物技术和环境中心、美国国立卫生研究院海洋生物研究中心等。

3. 2. 2. 2 活跃指数分析

活跃指数是 Zhang 等（2016）[14]和陈凯华等（2017）[15]在 Frame（1977）[241]及 Schubert 和 Braun（1986）[242]的基础上构建用于衡量某

个国家在某个研究领域的活跃状况（相对于全球平均水平）。公式为：$AcI_t^k=(P_t^k/\sum_{t=1}^{s}P_t^k)/(TP_t/\sum_{t}^{s}TP_t)$ 。其中，P_t^k 是指 k 国家在第 t 年的某研究领域文献发表量，$\sum_{t=1}^{s}P_t^k$ 是指 k 国家在既定观测期（s 年）间的某研究领域文献发表量，TP_t是指全球所有国家在第 t 年的某研究领域文献发表量，$\sum_{t}^{s}TP_t$ 是指全球所有国家在既定观测期（s 年）间的某研究领域文献发表量。当$AcI_t^k>1$，表明 k 国家在第 t 年的研究活跃程度高于世界平均水平，反之，则低于世界平均水平。

由于 Zhang 等（2016）[14] 和陈凯华等（2017）[15] 所构建的活性指数能够实现同时从纵向（时间序列）和横向（国家之间）两个方面对某国家在某领域的学术研究活跃程度比较分析，有助于把握各国的活跃程度演变过程。鉴于此，本章借助该指数来对主要国家在海洋战略性新兴产业领域的学术研究活跃程度进行量化和比较分析。

为了形象地比较我国与 4 个标杆国家（美国、日本、西班牙和英国）在过去 10 年（2008—2017 年）期间海洋生物医药研究的活跃状况及存在的差距，本章将这 5 个国家的活跃指数分别计算出来后，然后通过图表形式展示出来，如图 3-4 所示。可以发现，我国的活跃指数在整体上处于不断上升的态势，在 2013 年超过了 1（世界平均水平），并在 2016 年超过了英国。这表明我国在过去的 10 年时间里，虽然海洋生物医药研究起步较晚，但是经过不断地加大研发投入和努力追赶，与另外 4 个标杆国家的差距不断缩小，甚至超过了一些发达国家。值得关注的是，美国的活跃指数在绝大多数年份处于全球领先地位，而且也呈现出不断上升的态势，这表明了美国对该领域的研究强度不断增强。此外，日本、西班牙和英国的活跃指数自从 2009 年开始大于 1，表明这些发达国家在海洋生物医药研究领域的活跃指数大于世界平均水平。其实，自从 20 世纪 90 年代开始，美国、日本、英国等发达国家分别开展“海洋生物技术计划”“海洋蓝宝石计划”“海洋生物开发计划”等国家工程，在生物海洋医药研究领域投入大量的财力与物力，以寻求在新一轮的产业革命中占据经济和科技制高点[235]。目前，以美国为首的海洋科技强国在海洋抗肿瘤药物、抗心血管病及放射性药物研发、海洋生物抗菌活性物质提取、海洋生物酶研究等领域取得了较大的成绩，这可能与这些国家不断加大基础研究投入，鼓励创新组织开展基础研究活动密切相关。

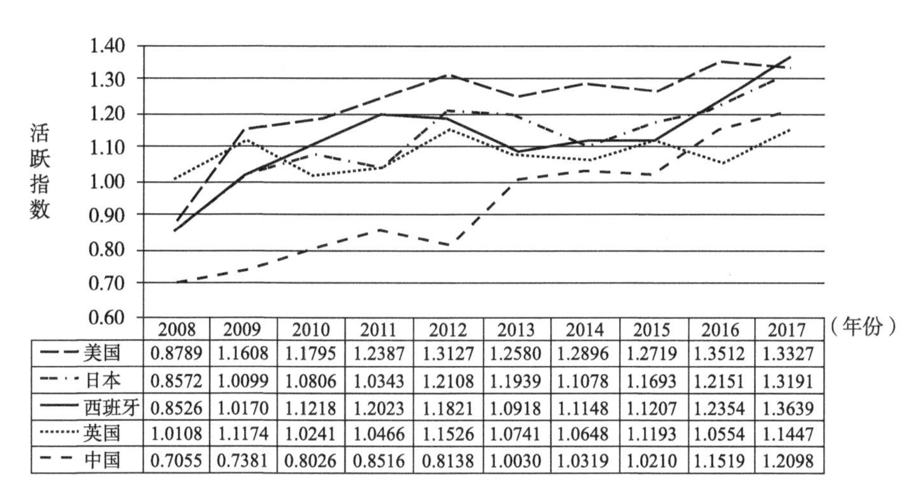

	2008	2009	2010	2011	2012	2013	2014	2015	2016	2017
美国	0.8789	1.1608	1.1795	1.2387	1.3127	1.2580	1.2896	1.2719	1.3512	1.3327
日本	0.8572	1.0099	1.0806	1.0343	1.2108	1.1939	1.1078	1.1693	1.2151	1.3191
西班牙	0.8526	1.0170	1.1218	1.2023	1.1821	1.0918	1.1148	1.1207	1.2354	1.3639
英国	1.0108	1.1174	1.0241	1.0466	1.1526	1.0741	1.0648	1.1193	1.0554	1.1447
中国	0.7055	0.7381	0.8026	0.8516	0.8138	1.0030	1.0319	1.0210	1.1519	1.2098

图 3-4　中国与标杆国家的活跃指数变化趋势

3.2.2.3　影响指数分析

文献的被引用情况是衡量其质量水平和影响程度的量化指标，也是同行评价学术价值的重要标准[243]。一般而言，某个国家、组织机构或个人的学术论文被引量越高，表明其生产的科学知识质量就越高，研究成果所蕴藏的原始创新成分就越多[244]。为了衡量一个国家在某个基础研究领域的影响程度，Zhang 等（2016）[14] 和陈凯华等

(2017)[15]在充分借鉴过去研究[18-20]的基础上，构建了影响指数用于测量。公式为：$AtI_t^k = (\sum_{j=t}^{t+n} C_j^k / \sum_{i=1}^{s} \sum_{j=t}^{t+n} C_{ij}^k) / (\sum_{j=t}^{t+n} TC_j / \sum_{i=1}^{s} \sum_{j=t}^{t+n} TC_{ij})$。其中，$\sum_{j=t}^{t+n} C_j^k$ 是指 k 国家在某研究领域第 t 年发表的文献在当年以及后续 n 年期间的被引量总和，$\sum_{i=1}^{s} \sum_{j=t}^{t+n} C_{ij}^k$ 是指在既定观测期（s 年）间，累加 k 国家第 t 年发表的某领域文献在当年以及后续 n 年期间的被引量之和，$\sum_{j=t}^{t+n} TC_j$ 是指全球所有国家在某研究领域第 t 年发表的文献在当年以及后续 n 年期间的被引量总和，$\sum_{i=1}^{s} \sum_{j=t}^{t+n} TC_{ij}$ 是指在既定观测期（s 年）间，累加全球所有国家在第 t 年发表的某领域文献在当年以及后续 n 年期间的被引量之和。当$\mathrm{AtI}_t^k>1$，表明 k 国家在第 t 年的研究影响程度高于世界平均水平，反之，则低于世界平均水平。

由于 Zhang 等（2016）[14]和陈凯华等（2017）[15]所构建的影响指数能够同时从纵向（时间序列）和横向（国家之间）两个方面对某国家在某领域的学术研究影响程度演变过程进行刻画与追踪，本章借助该指数来对主要国家在海洋战略性新兴产业领域的学术研究影响程度进行量化和比较分析。

由于研究成果发表后需要经过一段时间才有可能被引用，所以文献发表与被引用存在一定的时滞[245,246]。鉴于此，美国科学信息所测度论文的影响因子时就考虑 2 年时滞。本章在充分借鉴现有研究基础上，计算某国在第 t 年发表的文献被引量时考虑延迟 2 年，即是计算文献发表后在当年以及后续 2 年期间的被引量之和。然后依照上述的公式将中国和 4 个标杆国家（美国、日本、西班牙和英国）的影响指数分别计算出来后，通过图表形式展示出来，如图 3-5 所示。

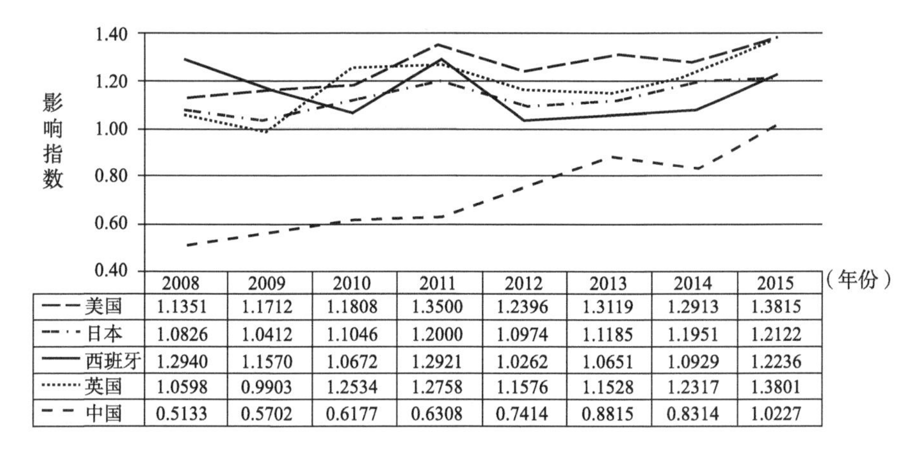

	2008	2009	2010	2011	2012	2013	2014	2015
美国	1.1351	1.1712	1.1808	1.3500	1.2396	1.3119	1.2913	1.3815
日本	1.0826	1.0412	1.1046	1.2000	1.0974	1.1185	1.1951	1.2122
西班牙	1.2940	1.1570	1.0672	1.2921	1.0262	1.0651	1.0929	1.2236
英国	1.0598	0.9903	1.2534	1.2758	1.1576	1.1528	1.2317	1.3801
中国	0.5133	0.5702	0.6177	0.6308	0.7414	0.8815	0.8314	1.0227

图 3-5　中国与标杆国家的影响指数变化趋势

由于考虑了 2 年的时间延迟，所以只能比较 2008—2015 年期间我国与 4 个标杆国家的影响指数发展态势及存在的差距，发现我国在海洋生物医药研究领域的影响指数在整体上处于不断上升的态势，这表明我国在不断努力提升海洋生物医药研究影响力。即使如此，我国影响指数在很多年份低于 1（世界平均水平），这从侧面反映了我国在海洋生物医药研究领域的影响力不足。相比之下，美国、日本、英国和西班牙等发达国家的影响指数高于 1，尤其美国在 2015 年的影响指数高达 1. 3815，这表明了这些国家在全球海洋生物医药研究领域具有较大影响力，我国要追赶这些标杆国家仍然任重道远。

3. 2. 2. 4　活跃指数—影响指数关联分析

为了考察各国在海洋生物医药研究领域的活跃程度与影响程度是否均衡，本书在借鉴现有研究[14,15]基础上，建立起活跃指数—影响指数关联图，如图 3-6 所示。其中，水平 X 轴所标识的为活跃指数值，垂直 Y 轴所标识的为影响指数值。水平 X 轴和垂直 Y 轴为 1 时表示达到世界平均水平，它们将平面图划分成 4 个象限。其中，落在第 1 象限的国家对基础研究给予足够的重视，而且研究成果具有较大的影响力；反之，落在第 3 象限的国家不仅研究产出较低，而且研究成果质量也较差。第 2 象限的国家论文产出虽然较少，但是影响力较大，而第 4 象限的国家论文产出较多，但是质量较差。此外，落在对角线（$X=Y$）上的国家表明其活跃程度与影响程度相匹配，在对角线上方表明影响程度高于活跃程度，反映研究成果整体质量较好，具有较大影响力；反之，则表明影响程度低于活跃程度，反映研究成果整体质量较差。

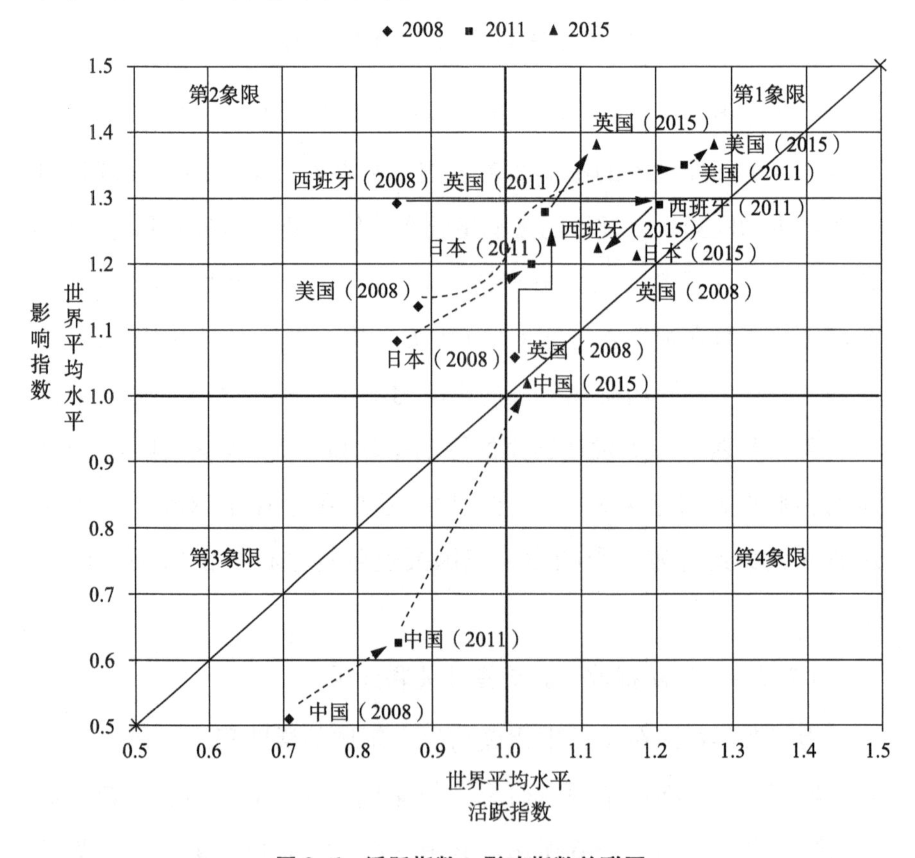

图 3-6　活跃指数—影响指数关联图

由图 3-6 可以获知，我国在早期落在第 3 象限，这意味着它在海洋生物医药领域不仅活跃程度不够，而且影响力也不足，这与发达国家如美国、日本、西班牙和英国落在第1或第2象限形成鲜明对比。虽然近年来我国日益重视海洋生物医药的基础研究，论文发表量逐渐增多，由原先的第3象限逐渐向第1象限转移，但是研究成果的整体质量与发达国家相比仍然存在着较大的差距。通过分析标杆国家的演化路径趋势，发现美国、日本等标杆国家逐渐向第1象限顶部聚焦，表明它们在不断地提高自身活跃程度和影响程度。总体上，这些发达国家在海洋生物医药领域仍然处于绝对的主导地位。

通过分析我国在“活跃指数—影响指数关联图”上的演化路径（由对角线下方逐渐向上方转移），发现我国在不断追赶发达国家，彼此之间的差距也日渐缩小，这可能与近年来我国日益重视海洋战略性新兴产业和寻求建立影响力存在着较大关系。不可忽视的是，我国在海洋生物医药基础研究领域的起步较晚，与发达国家仍然存在着较大差距。

3.2.2.5 效率指数分析

为了测定一个国家在某个基础研究领域的活跃程度能否换取同等比例的影响力，Zhang等（2016）[14]和陈凯华等（2017）[15]在充分借鉴过去研究[247-249]基础上，构建了效率指数。公式为：$EI_t^k = \left(\sum_{j=t}^{t+n} C_j^k / \sum_{i=1}^{s}\sum_{j=t}^{t+n} C_{ij}^k\right) / \left(P_t^k / \sum_{i=1}^{s} P_t^k\right)$。其中，$\sum_{j=t}^{t+n} C_j^k$ 是指 k 国家在某研究领域第 t 年发表文献在当年以及后续 n 年期间的被引量总和，$\sum_{i=1}^{s}\sum_{j=t}^{t+n} C_{ij}^k$ 是指在既定观测期（s 年）间，累加 k 国家在某研究领域第 t 年发表的文献在当年以及后续 n 年期间的被引量之和，P_t^k 是指 k 国家在某研究领域第 t 年发表的文献量，$\sum_{t=1}^{s} P_t^k$ 是指 k 国家在既定观测期（s 年）间某研究领域发表的文献量。当$EI_t^k>1$，表明 k 国家在第 t 年的研究影响程度高于活跃程度，表明该国科研成效很好，反之，则表明科研成效较差。

由于 Zhang 等（2016）[14]和陈凯华等（2017）[15]所构建的效率指数能够实现同时从纵向（时间序列）和横向（国家之间）两个方面对某国家在某领域的科研成效进行比较分析，本章借助该指数来对主要国家在海洋战略性新兴产业领域的科研成效演变过程进行追踪和比较分析。

鉴于上述在计算文献被引量时考虑延迟两年，本章只能计算在 2008—2015 年期间我国与 4 个标杆国家的基础研究效率指数，如图 3-7所示。可以获知我国与另外 4 个国家的基础研究效率发展态势及存在的差距，发现美国、日本、英国和中国的基础研究效率在整体上处于不断上升的态势，但是我国与发达国家相比仍然存在着较大的差距。例如，在 2015 年，英国的效率指数高达 3. 501，日本其次，美国第三，这些发达国家的效率指数均在 2. 5 以上。相比之下，我国在很长一段时间（2008—2014 年）里的效率指数低于 1，这表明了我国在海洋生物医药研究领域的活跃程度与影响程度不匹配，也反映了我国发表的文献质量状况令人堪忧。虽然经过我国学者多年的努力，在 2015 年效率指数突破了 1，表明我国在海洋生物医药研究领域的文献发表数量与其相应的被引用量不匹配问题得到一定改善。即使如此，我国的效率指数与美国、日本、英国和西班牙等发达国家相比仍然存在着较大的差距，要追赶它们仍然有待时日。

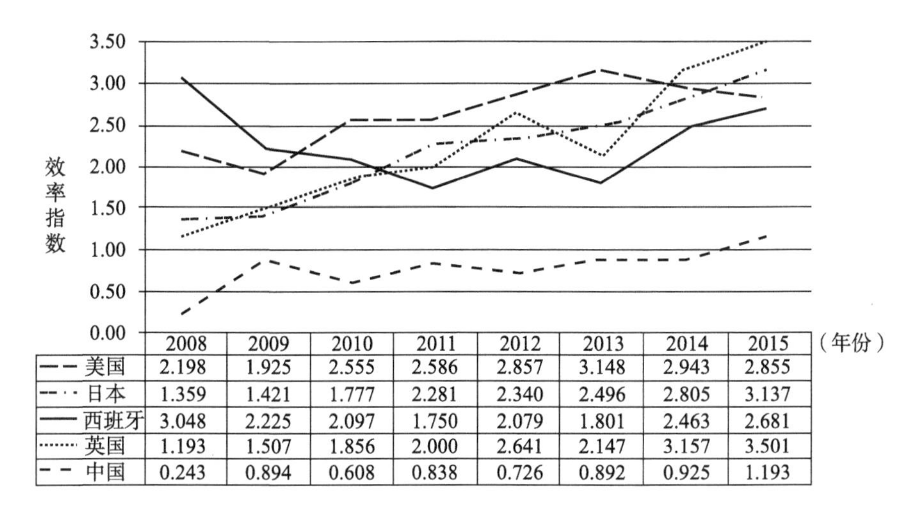

	2008	2009	2010	2011	2012	2013	2014	2015
美国	2.198	1.925	2.555	2.586	2.857	3.148	2.943	2.855
日本	1.359	1.421	1.777	2.281	2.340	2.496	2.805	3.137
西班牙	3.048	2.225	2.097	1.750	2.079	1.801	2.463	2.681
英国	1.193	1.507	1.856	2.000	2.641	2.147	3.157	3.501
中国	0.243	0.894	0.608	0.838	0.726	0.892	0.925	1.193

图 3-7　中国与标杆国家的效率指数变化趋势

3.3　研究结论

海洋战略性新兴产业作为一个知识密集型产业，其发展状况直接关系到一国能否实现经济结构调整和增长方式的转变。所以，世界各国政府纷纷制定了海洋战略性新兴产业的发展规划，不断加大对海洋战略性新兴产业的科技投入，并将其作为“蓝色经济”的增长点加速推动发展。由于基础研究是提升海洋战略性新兴产业的核心竞争力重要基石，对该领域的基础研究整体状况以及各国在该领域的基础研究竞争力展开系统分析以获取其发展态势已显得非常迫切与重要。为此，本章在充分借鉴现有研究的基础上，以海洋生物医药产业为例，采取文献计量和基础研究竞争力指数方法来展开系统研究。

3.3.1　研究发现

本章采用文献计量方法来对海洋生物医药产业的基础研究领域整

体发展状况进行分析，得到以下研究发现：（1）海洋生物医药研究领域已经引起了世界各国的广泛关注，并经历三个发展阶段（缓慢发展期、快速增长期和震荡调整期）。尤其在进入 20 世纪 90 年代后，该领域的研究日益白热化。近年来有所降温，这可能与海洋抗肿瘤、抗菌、抗病毒和抗心脑血管研发遇到了“瓶颈”存在着较大关系。（2）海洋生物医药研究领域是一个外延性较广的跨学科研究领域，研究方向主要集中在化学、生物学、药理学、肿瘤学等类别上，表明了海洋生物医药研究领域属于多学科交集的研究领域。（3）海洋生物医药领域的研究主力是大学和研究院所，只有少数医药企业涉及其中，这与海洋生物医药研究的高风险、高投入、长周期有关。（4）海洋生物医药研究成果大多数发表在化学、医学和生物学的重要 SCI 期刊（JCR 分区 Q1 和 Q2 区）上，表明了该领域具有较高的研究价值和地位。

本章通过对我国与 4 个标杆国家（美国、日本、西班牙和英国）的基础研究竞争力展开系统研究，得到以下研究发现：（1）目前海洋生物医药研究在发达国家备受关注，尤其美国发表文献数量遥遥领先，占全球文献发表量的一半以上，这表明全球海洋生物医药的研究重镇在美国；（2）我国在海洋生物医药研究领域的活跃状况处于不断增强的态势，与 4 个标杆国家的差距不断缩小，这可能与近年来我国提出建设“海洋强国”战略部署存在一定关系；（3）我国在逐渐改善活跃指数和影响指数的匹配性，即是寻求在海洋生物医药研究领域的研发投入换取很大的影响力。即使如此，我国与美国、日本、英国和西班牙等发达国家相比存在着较大的差距，要追赶它们仍然有待时日。

3.3.2 实践启示

在当今发展海洋战略性新兴产业已成为世界各国抢占新一轮经

济和科技制高点的重大举措背景下，基础研究薄弱的战略性产业难以形成竞争优势，缺乏核心技术和自主知识产权的新兴产业没有任何“战略性”意义可言。因此，我国应该对海洋生物医药研究领域加大研发投入，设立海洋战略性新兴产业科技发展专项资金，推动创新主体如大学、科研院校和企业扎实开展基础研究活动，不断提高海洋科技的原始创新能力，寻求突破关键行业核心技术来抢占发展先机，为建成“海洋强国”和实现“蓝色崛起”奠定坚实基础。

此外，本章通过文献计量方法对海洋生物医药研究领域的主要组织机构进行分析，发现西班牙的 PharmaMar（法玛玛公司）论文发表量排在全球第 4，是发表研究成果最多的 10 个组织当中唯一来自产业界的创新组织。该发现打破了过去许多学者一直以来所持有的观念，即作为经济组织的企业往往不会投入大量资源到基础研究领域来创造具有“公共品”属性的基础科学知识，因为这些知识可以通过“搭便车”形式来获取。其实，基础科学知识并不是一种易于快速流动的信息[250]。假若一个企业缺乏相应背景知识和基础研究能力，那么它不可能理解和有效吸收来自学术界基础研究成果所蕴藏有市场价值的前沿知识，企业企图通过“搭便车”形式来获取学术界所创造公共品基础科学知识的做法难以实现，这无益于核心技术的突破。这也就是为什么我国出现科技经济“两张皮”的主要原因之一，即是科研投入大幅提高和科技论文不断增加并没有使得产业核心技术创新能力获得同步提升[251]。PharmaMar（法玛玛公司）之所以投入重视海洋生物医药基础研究，是因为它意识到基础研究是实现原始创新的重要基石，为此它将自身的研发能力延伸到知识链上游。鉴于此，我国应该进一步完善税收政策，引导和鼓励具有一定科研实力的大型优秀企业加大在海洋战略性新兴产业的基础研究投入以提高其基础研究竞争力，加强与涉海类大学和科研机构的合作，充分利用学研机构所创造的前沿研究成果并实现产业化，从而通过产学研合作创新来实现对产业发展的带领作用，从根本上改变我国海洋战略性新兴产业的科技经济“两张皮”现状。

海洋战略性新兴产业的产学研合作：创新机制及启示

海洋战略性新兴产业是各国提高海洋经济竞争力的重要支撑[23]，也是我国东部沿海地区实现发展方式转变和经济结构转型的必然选择[1]，而推动涉海类企业、大学和科研院所等创新主体在海洋战略性新兴产业领域开展多边交流与合作，以实现海洋科技创新资源的优化配置，是贯彻落实国家建设“海洋强国”战略部署的重要途径。因此，研究海洋战略性新兴产业的产学研合作创新机制并提出有价值的政策建议，对支撑国家实施相关的战略决策具有重大的理论意义和实践价值。

经过对现有国内外文献进行系统梳理与分析，发现从产学研合作的视角去探讨海洋战略性新兴产业的科技创新问题相关研究仍然较为缺乏。海洋战略性新兴产业的产学研合作创新机制是什么？海洋强国所采取的产学研合作创新模式具有哪些特征？对我国发展海洋战略性新兴产业具有哪些启示？这些有趣而重要的议题由于缺乏深入研究而导致学术界和政策制定者对其理论认识仍然不够明晰，这导致我国实施“海洋强国”战略决策缺乏足够的理论依据和决策支持。所以，探索海洋战略性新兴产业的产学研合作创新相关议题在当今国家建设“海洋强国”的时代背景下具有重要的现实意义。

如何提高涉海类企业与大学、科研院所之间合作效率，以促进我国海洋战略性新兴产业实现又好又快的发展，是当前学术界和产业界亟待解决的关键问题[252]。鉴于此，本章从海洋战略性新兴产业的科技创新价值链出发，以西方海洋强国推动海洋生物医药产业发展所采取的产学研合作联盟为研究样本，试图理清产学研合作在推动海洋战略性新兴产业实现科技创新过程中的影响机制，分析我国海洋战略性新兴产业的产学研合作创新所存在问题，并基于此提出有效的应对策略及建议，以期为促进我国海洋战略性新兴产业的科技创新和支撑国家“海洋强国”战略决策提供新的依据和参考。

后续章节安排如下：首先，对实践与理论背景进行阐述，为本章后续研究奠定实践和理论基础；其次，对海洋战略性新兴产业特征进行分析，以揭示该领域所呈现的高科技、高投入和高风险特征迫切需要通过产学研合作来推进该产业的发展；随后，阐述产学研合作如何推动海洋战略性新兴产业突破技术难题，以实现高质量发展的理论机理；紧接着以海洋强国的产学研合作为样本，深入探究它们海洋战略性新兴产业的产学研合作创新机制及模式；然后对我国海洋战略性新兴产业的产学研合作创新所存在问题进行系统研究，最后借鉴欧美海洋强国的成功经验，为我国如何通过产学研合作来推动海洋战略性新兴产业发展提出政策建议与启示。

4.1 实践与理论背景

作为战略性新兴产业的重要组成部分，海洋战略性新兴产业不仅体现了一个国家在未来海洋资源利用方面的发展潜力，而且直接关系到一国能否在21世纪的“蓝色经济时代”占领全球海洋科技的制高点[51]。所以，2016年国务院出台了“十三五”国家战略性新兴产业发展规划，明确指出要大力发展海洋战略性新兴产业，支持海洋资源利用的关键技术研发和产业化应用，培育海洋经济新增长点。根据国务院确定的七大战略性新兴产业，以及全球海洋科技发展趋势和我国海洋产业发展现状，海洋战略性新兴产业主要包括海洋生物产业、海洋高端装备制造产业、海洋新能源产业、深海矿产产业、海洋环境产业和海水综合利用产业六大海洋产业门类[24]。

通过对现有文献进行回顾，发现学术界对战略性新兴产业的研究取得较大进展[253,254]。相比之下，关于海洋战略性新兴产业的研究处于起步探索阶段。尽管已有学者基于各自学术背景围绕着海洋战略性新兴产业的内涵特征和治理框架、产业法律监管程序、产业边界和产业影响评价等议题展开了研究[24,255-259]，但现有研究成果在内容的广度和深度上都要远远滞后于战略性新兴产业的整体研究。

由于海洋战略性新兴产业是一个知识密集型产业，具有较高的产学研合作创新需求，产学研合作创新成为推动海洋战略性新兴产业实现技术进步和产业发展的原动力[6]。经过对现有文献梳理，发现国外学者虽然关注了海洋战略性新兴产业的科技创新问题[260,261]，但是较少对该领域的产学研合作创新议题展开深入研究。近年来，国内学者开始探究海洋战略性新兴产业的产学研合作相关议题，但是整体上研究成果仍然不够丰富。例如，丁莹莹和宣琳琳（2015）基于社会网络视角来分析我国海洋能产业的产学研合作状况及影响[262]；陈伟等（2014）以海洋能产业为例来探究该领域的产学研合作创新特征[6]；谢子远和孙华平（2013）从产学研合作视角来研究海洋科技创新模式[263]。值得关注的是，关于产学研合作如何推动我国海洋战略性新兴产业实现科技创新以及产学研所采取的合作模式和影响机制的相关研究仍然较为缺乏，导致学术界和实践界对该议题的理论认识略显不足。

4.2 海洋战略性新兴产业特征

海洋战略性新兴产业处于海洋产业链的前端，科技含量很高，产业关联性较强，关系到一个国家（或地区）的海洋经济发展命脉和海洋产业安全。与其他传统产业相比，海洋战略性新兴产业具有以下几个特征。

（1）高科技。与陆地环境相比，海洋环境较为复杂，导致海洋资源的开发利用具有较大的风险和难度，因此对海洋科技创新具有较大依赖性[264]。海洋科技是集知识密集、资金密集为一体的前沿科技，成为开发利用海洋生物资源、矿产资源和海水动力资源的基础与动力。因此，海洋前沿科技的发展成为海洋战略性新兴产业得以发展的“助推器”，世界海洋产业已经步入了海洋科技为主导的新时代。

（2）高投入和高风险。海洋战略性新兴产业得以持续发展的重要基础是海洋科技实现新突破，同时伴随着研发难度大、周期长、风险高和投入大等挑战[264]，表明仅依靠涉海类企业自身资源来推进海洋科技创新变得愈加困难，迫切需要政府的介入与支持，推动其他涉海类创新主体与企业不断加强合作来应对海洋战略性新兴产业在技术、生产、财务、市场和政策等方面的风险。

（3）高收益。海洋战略性新兴产业的市场前景广阔，代表着海洋产业的发展方向。新产品研究一旦成功并投入产业化生产，就能够给市场带来具有较高附加值的产品与服务，从而推动海洋产业结构的升级与优化。但是，要实现海洋产业较高经济效益的重要前提是涉海类企业与学研机构开展有效互动合作，以推动学研机构所创造的前沿基础知识不断地转化成现实生产力。

（4）高关联。海洋战略性新兴产业是一个融科技、教育、生产和金融等多行业、多学科为一体的知识密集型产业，它的成长需要实现多学科、多领域的联动，这意味着单个创新主体（涉海类企业、大学与科研院所）自身能力与资源难以推动海洋战略性新兴产业实现突破性发展，亟须加强相互合作来实现资源共享和学科交叉，以实现对其他关联产业的拉动作用，提升海洋经济综合实力。

总之，海洋战略性新兴产业涉及多学科、多领域、高科技、高投入和高风险，表明该领域的发展需要通过政策引导和多元化主体——政府、涉海类企业、大学、科研院所、金融机构和服务中介机构等组织的共同合作[252]，加大科技投入和资金支持，才能确保海洋战略性新兴产业的技术创新实现突破性发展。

4.3　海洋战略性新兴产业与产学研合作

随着海洋战略性新兴产业核心技术的日益复杂，要想突破该产业的技术难题，仅靠单个创新主体自身资源和能力远远不够。尤其随着科学与技术日益融合，海洋战略性新兴产业的科技创新复杂性和艰巨性迫使创新组织模式发生改变，创新主体之间的协同合作创新（例如产学研合作）变得愈加重要。产学研合作是指企业、大学和科研院所以及政府、金融机构和服务中介机构等组织为了推动知识跨组织流动，以实现核心技术的突破与推动产业发展而建立一种优势互补、资源共享和共同发展的合作关系[252,262]。因此，产学研合作属于开放式创新的常见形式，是海洋战略性新兴产业得以不断实现技术创新的一条重要途径。

现有研究将创新价值链由上而下划分为“基础研究→应用研究→技术开发→生产经营”等环节，如图 4-1 所示。值得关注的是，不同创新主体在创新价值链不同环节上的能力结构状况存在明显差异。例如，涉海类大学、科研院所越接近价值链上游所呈现出来的基础研究能力越强，然而涉海类企业越接近价值链下游所呈现出来的市场商业化能力就越突出，如图 4-2 所示。

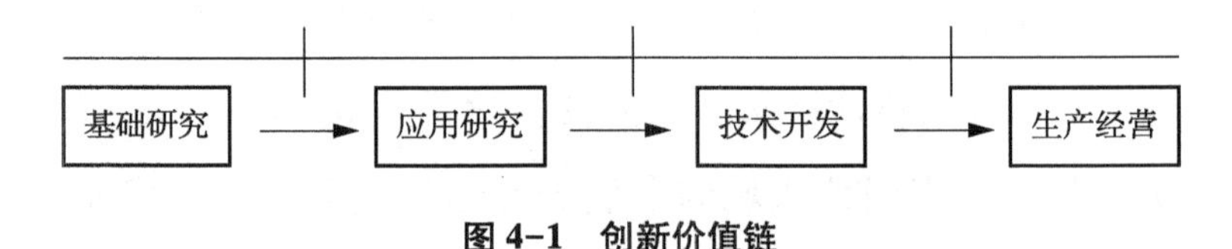

图 4-1　创新价值链

资料来源：Stokes（1997）[185]；张艺（2018）[178]。

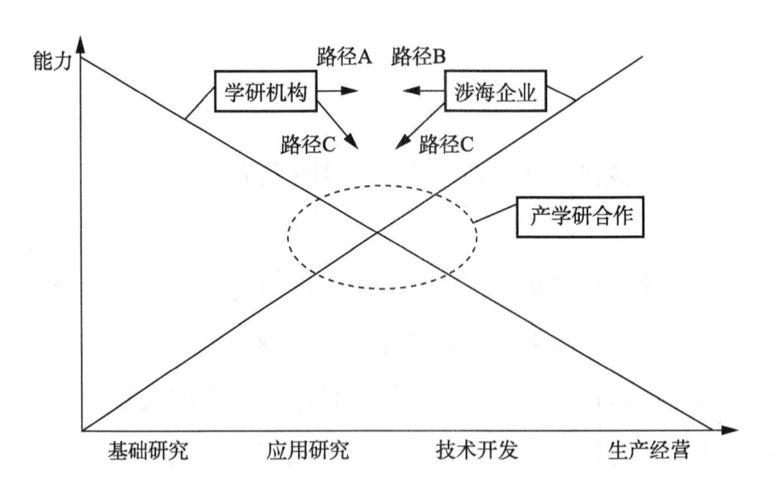

图 4-2　创新主体在价值链上的能力结构分布状况

资料来源：申俊喜（2012）[7]。

如果海洋战略性新兴产业要实现突破性发展，创新主体务必将创新价值链上游基础研究所获得的海洋科技前沿知识不断地开发利用，以转化为成熟产业技术供给产业界使用。要达到这个目的，可以通过三个途径。第一条路径是：涉海类学研机构通过直接创办企业的方式来实现将自身上游环节的科学研究成果转化成现实生产力，即是路径 A。该条路径所遇到的困难是学研机构科研工作者往往缺乏商业意识，更缺乏将自由探索所获得的研究成果成功地转化成产业界所需技术的能力。由于学研机构较少关注海洋产业发展的实际需求和未来的发展趋势，导致所从事的研究工作往往脱离市场需求[178]，造成很多研究成果停留在纸面上，难以转化成现实生产力。第二条路径是：涉海类企业通过设立实验室开展基础研究，以实现向创新价值链的前端延伸，即是路径 B。该条路径所遇到的困难是涉海类企业往往缺乏开展基础研究的动力，因为基础研究成果属于共性技术范畴，所创造的知识具有较大的外部性和溢出性。显然，路径 A 和 B 存在着各自的弊端，都较难以实现。相反，假若涉海类企业与学研机构通过第三条路径，即是路径 C，则可能会成功。在该路径中，涉海类企业与学研机构本着优势互补、互利互惠、资源共享的原则建立起合作关系，充分发挥产、学、研三方优势，使得创新价值链各个环节“基础研究—应用研究—技术开发—生产经营”得到有效衔接和相互促进，形成一个双向知识循环创新价值链。一方面，涉海类企业通过产学研合作来获取学研机构开展基础研究的前沿知识，为提升自身核心技术创新能力打下基础；另一方面，涉海类学研机构通过与产业界合作，加深对海洋科技应用以及海洋产业发展现实状况理解，将海洋产业实践需求凝练成科学理论问题并加以研究，提升在海洋科技研究领域的学术竞争力[178]。

4.4　海洋强国的产学研合作模式

21 世纪是一个“蓝色经济”为主导的新时代，世界海洋强国已经将注意力投向广袤海洋，通过科技创新合作途径（例如产学研合作）来大力推动海洋战略性新兴产业的发展。为了把握世界海洋强国在海洋战略性新兴产业的产学研合作模式，本章以世界知名管理咨询公司——美国理特咨询公司——的研究报告为依据，选择在海洋生物医药研究领域最具有影响力的两个西方国家——美国和西班牙——为研究样本，通过对国内外各种权威文献资料（包括海洋局官方网站数据）的归纳整理、专家访谈和调研分析，揭示西方海洋强国推动海洋生物医药产业所采取的产学研合作模式机制，为我国发展海洋战略性新兴产业提供启示。

美国是全球最早关注和大力发展海洋生物医药的国家之一。具体而言，早在 1955 年，海洋天然产物衍生物阿糖胞苷被美国食品药品监督管理局批准上市，这标志着美国海洋生物医药研究成果开始由实验室走向市场，向产业化方向迈出重要一步。在 2004 年，ω-芋螺毒素 MVIIC 被批准推向市场，这成为美国在 21 世纪海洋生物医药产业化过程中另外一个标志性事件。其实，美国海洋生物医药产业的不断发展离不开联邦政府对该领域学研机构与企业之间协同合作的大力支持。比如，早在 1967 年，美国联邦政府卫生研究院开始设立国家海洋医药和药理学研究所来推动海洋药物研究，同时组建一批海洋生物研究中心，其中包括加州大学海洋生物技术和环境中心、美国国立卫生研究院海洋生物研究中心等。后来在“拜杜法案”的推动下，这些海洋生物医药科研机构通过与顶尖的生物医药科技公司（例如 Calithera Biosciences）开展科技合作，将实验室基础研究阶段发现的海洋抗肿瘤活性实体实现产业化并成功推向市场。

西班牙是一个在抗肿瘤海洋医药研发上具有较强技术优势的海洋生物医药强国。该国的标志性海洋生物医药研究成果是曲贝替定（Trabectedin），它是一种从加勒比海被囊动物（Ecteinascidia turbinata）提取的四氢异喹啉类化合物，目前已经被 FDA 批准为二线药物用于治疗软组织肉瘤和卵巢癌。目前，围绕着曲贝替定申请系列专利并拥有该药物专利权的主体是西班牙的海洋药物企业巨头 PharmaMar（法玛玛公司）。其实，海洋药物曲贝替定最初研发者并不是 PharmaMar（法玛玛公司），而是伊利诺伊大学。曲贝替定被伊利诺伊大学提取分离和研究发现具有抗肿瘤活性成分后，一直致力于海洋生物医药研发的 PharmaMar（法玛玛公司）凭借着对海洋药物功效的敏感性而加强与伊利诺伊大学合作，通过产学研合作来取得伊利诺伊大学对该药物专利授权，并在此基础上与哥伦比亚大学和哈佛大学合作，将研发领域延伸到知识链上游的基础研究环节，最终全面掌握曲贝替定的药物合成方法和商业化制备方法，实现了在全球海洋抗肿瘤药物研发领域的引领作用。

通过对美国和西班牙等海洋强国的海洋生物医药产业技术创新机制进行研究，发现产学研合作扮演着重要角色。这些国家的涉海类企业、大学与科研院所等创新主体在政府政策的引导和服务中介机构、金融机构的支持下，建立起有效的产学研合作联盟关系，推动海洋科技创新资源的跨组织流动和能力优势互补，实现了“1+1+1>3”。其中，政府在海洋战略性新兴产业的产学研合作联盟中起到不可或缺的导向作用。具体而言，政府主要通过颁布相关创新政策

（例如美国的“海洋生物技术战略计划”）来为海洋战略性新兴产业的产学研合作创新实践营造良好外部环境，通过专项资金的注入和技术创新公共平台的搭建，促使涉海类大学、科研院所与企业相互之间建立起合作互动关系，同时出台相关政策鼓励金融机构和服务中介机构等社会组织为产学研合作提供必要支持与服务。涉海类企业［例如 PharmaMar（法玛玛公司）］作为技术创新的重要主体，提出产业发展的具体需求，与学研机构建立起广泛的合作互动联系，扮演着海洋科技理论验证、技术转移和科技成果商业化的主阵地角色。大学和科研院所（例如伊利诺伊大学，美国国立卫生研究院海洋生物研究中心）是集海洋科技创新资源、人才资源和知识资源为一体的“智慧高地”，是知识产生与发展的重要场所。金融机构包括银行、风险投资公司、创新基金证券市场等组织，为海洋战略性新兴产业的科技创新提供充足的资金支持和分担创新失败风险。服务中介机构包括海洋战略性新兴产业领域的各种行业协会（或商会）、律师事务所、会计师事务所和创新服务中心等组织，为海洋战略性新兴产业的科技创新提供各种交流和咨询服务，在创新主体合作互动过程中扮演着桥梁和纽带角色。其他机构是指与涉海类新兴企业有竞争或互补关系的同行企业及上下游企业，它们是一股推动海洋战略性新兴产业发展的重要力量。

通过对美国国立卫生研究院海洋生物研究中心和西班牙 PharmaMar（法玛玛公司）所参与的产学研合作联盟进行分析，发现涉海类企业、大学与科研院所等创新主体在政府、服务中介机构、金融机构的参与和协调下，它们相互交织与激发，形成良好的互动模式和运行机制，实现了知识的产生、开发与商业化，推动海洋战略性新兴产业不断优化升级，如图 4-3 所示。

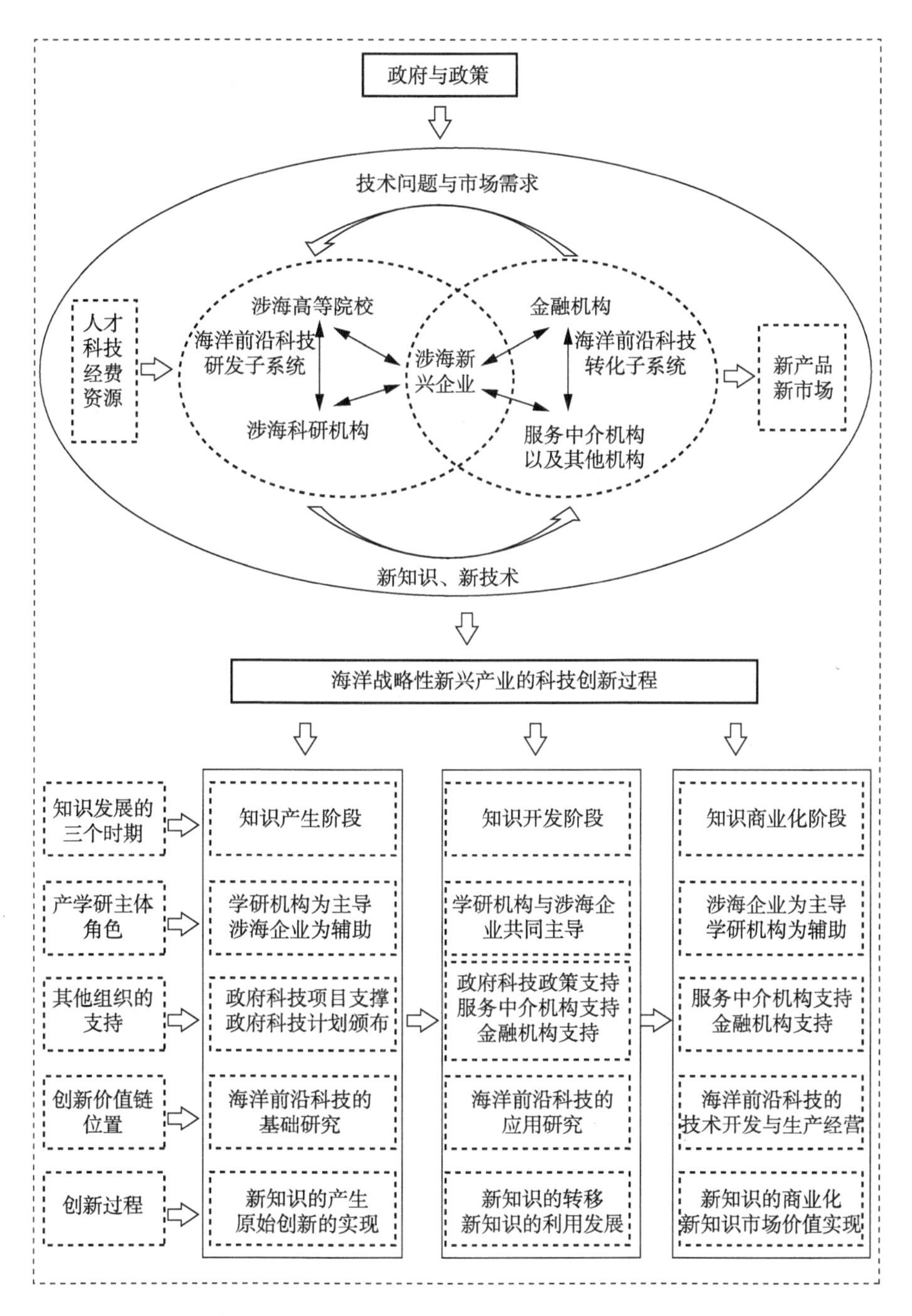

图 4-3　欧美海洋强国的海洋战略性新兴产业的产学研合作创新机制及模式

由图 4-3 可以获知，欧美海洋强国的涉海类企业、大学与科研院所、政府、服务中介机构和金融机构组成了产学研科技创新联盟，它包括两个子系统，分别是“海洋前沿科技研发子系统”和“海洋前沿科技转化子系统”。其中，“海洋前沿科技研发子系统”主要由涉海类企业、大学与科研院所组成，通过人才、科技和经费等创新要素的投入，主要在海洋前沿科技领域开展基础研究和应用研究，以创造全新知识，为海洋战略性新兴产业的科技创新提供强有力的知识保障。另外，“海洋前沿科技转化子系统”主要由涉海类企业、金融机构、服务中介机构和其他组织所组成，它们主要从事技术开发与生产经营，不断地将“海洋前沿科技研发子系统”所创造出来的新知识和新技术进行产品化和商业化，转化成现实生产力。同时，“海洋前沿科技转化子系统”将市场信息和技术问题反馈回“海洋前沿科技研发子系统”，涉海类大学与科研院所依照产业界的现实需求进一步完善不成熟的前沿技术，推动海洋新兴产业实现新一轮技术创新。总之，“海洋前沿科技研发子系统”推动着产业技术的自主研发，“海洋前沿科技转化子系统”推动着自主研发成果的快速转化。这两个子系统相互协调交织，推动着海洋战略性新兴产业的科技创新进入了良性循环，即推动着知识产生、开发与商业化，知识商业化之后又对知识产生起到反馈和促进作用，实现了知识的产生、转移利用、价值实现和再创新双向循环过程，为欧美海洋强国的海洋战略性新兴产业实现持续的科技创新奠定了坚实基础。

此外，欧美海洋强国在海洋战略性新兴产业的科技创新三个发展阶段（知识产生、知识开发与知识商业化）所采取的产学研合作模式存在明显差异。具体而言，在海洋战略性新兴产业的知识产生阶段，涉海类大学、科研院所与企业等创新主体主要在基础研究领域加强合作，推动原始创新和新知识的产生。由于早期海洋生物医药研发具有较大的风险性和公共性，基础研究主要由大学和科研院所来承担，因此在该阶段采取的产学研合作模式是以学研机构为主导，涉海企业为辅。此时所创造的产业关键技术或知识属于基础性共性技术范畴，具有较大的外部性和溢出性，而且该阶段具有投入大、高风险和战略性强等特点。为此，欧美政府颁布相关科技政策和提供专项基金来支持和鼓励涉海类大学、科研院所与企业在创新链上游——基础研究领域加强合作，以避免市场失灵问题。在明晰产业发展方向的基础上，涉海类大学、科研院所与企业重点围绕着产业核心共性技术和关键技术开展联合攻关。尤其涉海类大学与科研院所通过承担国家或地方重大科研项目来探索海洋科技前沿，在政府科技支撑计划的大力支持下实现产业核心技术新突破，为抢占海洋战略性新兴产业前沿科技的制高点创造了条件。

在海洋战略性产业的知识开发利用阶段，由于知识产生阶段所获得的研究成果往往停留在实验室阶段，与实践运用和市场需求仍然存在一段距离，企业无法直接运用于生产。此时欧美海洋强国所采取的产学研合作模式是由学研机构和企业同时主导，彼此之间在创新价值链中游环节——海洋前沿科技的应用研究领域加强合作，在基础性共性技术的基础上进一步开发出应用性共性技术。虽然应用性共性技术逐渐走出实验室并走向实践，但是仍然属于共性技术范畴。由于这些技术具有显著的外部性和溢出性，企业作为经济组织往往有“搭便车”的行为倾向，导致它们在该阶段参与共性技术研发的动力往往不足[265]。为了避免出现市场失灵问题，欧美政府出台了相关科技政策给予支持。同时，由于开展产业共性技术的应用研究具有高投入、高风险性和高收益性等特征，涉及风险融资和技术转让等问题，在这过程中仅靠涉海类企业和学研机构的合作难以完成，此时政府、金融机构和服务中介等机构也参与其中。因此该阶段涉海类企业和学研机构围绕着产业核心共性技术所开展的应用研究需要政府、金融机构和服务中介机构的支持，以实现海洋产业核心技术由研发阶段向产业化阶段转换。

在海洋战略性产业的知识商业化阶段，涉海类企业要实现海洋科技的市场价值，亟须实施知识商业化与生产经营。欧美海洋强国的涉海类企业通过产学研合作获得应用型共性技术之后，由于该技术属于行业平台技术，还不能直接用于产业化，所以它们结合市场具体情况进一步开发成生产专用技术，同时将技术在实践运用过程中所存在的问题以及相关市场需求反馈给学研机构，以实现对产业核心技术路径做进一步的改进与完善。显然，本阶段的产学研合作采取以企业为主导，学研机构为辅的模式。由于本阶段专业技术的开发利用具有高投入和高收益特征，欧美政府鼓励金融机构和服务中介机构给予支持，以推动新知识的商业化和市场价值的实现。

总之，欧美海洋强国的海洋战略性产业知识发展的不同阶段中，由于技术创新目标导向存在不同，涉海类企业与学研机构在产学研合作联盟中的地位不断地发生演变。这一动态过程体现了产学研合作在海洋战略性海洋科技创新过程中所扮演的角色及采取的模式也发生变化。

4.5　我国海洋战略性新兴产业的产学研合作创新所存在问题

笔者所在课题组在原国家海洋局的大力支持下，通过对我国广东、福建和山东等海洋大省进行调研，得知我国海洋战略性新兴产业目前已经积累一定的技术和产业基础，但是与发达国家相比，仍然存在着核心技术自主研发能力薄弱，关键行业技术严重依赖外国的问题，整体上没有摆脱“高端产业，低端技术”的发展模式。其实，造成我国海洋战略性新兴产业发展滞后的原因有很多，笔者所在课题组的研究人员通过与那些参加中国海洋经济博览会的相关学者专家和企业家进行充分交流，得知一个很重要的原因是海洋科技成果向市场转化机制不完善，涉海类企业与学研机构在创新价值链上的合作互动出现了“脱节”现象，尚未形成“创新价值链前端的基础研究促进后端的产业技术开发和生产经营，创新价值链后端反哺前端”的良好互动态势，导致海洋科技前沿知识的快速增长并不能有效地促进产业核心竞争力的同步提升。基于这一认识，本章从海洋战略性新兴产业的科技创新三个环节（知识产生、开发与商业化）来梳理我国产学研合作创新所存在问题，为后续提出如何改善涉海类企业与学研机构的合作互动模式来促进我国海洋科技创新发展奠定基础。

（1）海洋战略性新兴产业的知识产生阶段：基础研究以自由探索为主，缺乏市场导向，影响知识产业化和商业化的成效。海洋科技基础前沿领域所开展的研究项目或议题具有风险高、投入大、周期长和知识溢出性强等特征，而我国涉海类企业普遍缺乏科技创新能力，通常由涉海类大学或科研院所来承担开展。由于科技体制问题，涉海类学研机构选择的科研项目往往以自由探索为主，较少关注产业发展实践需要，导致研究成果与市场需求严重脱节，最终导致许多项目成果只停留在纸面上被束之高阁。总之，以自由探索为导向的基础研究所创造的知识由于产业化路径不够清晰而导致难以转化和商业化。

（2）海洋战略性新兴产业的知识开发阶段：涉海类企业科技创新能力水平薄弱，难以有效吸收学研机构所创造的知识，影响知识跨组织转移的成效。在未来很长一段时间里，我国涉海类企业难以承担起技术创新主体角色，这是因为它们没有较高科研能力来对学研机构所创造的科技前沿成果进行吸收和开展二次开发利用。在现实情境下，涉海类企业希望学研机构承担起更多的应用开发工作，为它们解决一般性的或临时性的具体技术问题，而制约产业发展的重要共性问题和技术难题却没有得到足够重视。其实，涉海类学研机构过多参与创新价值链中下游的工作并不符合它们在创新系统中的定位，但是目前我国涉海类企业却没有足够的科研能力去开展应用研究和转化学研机构所创造的研究成果。所以，涉海类企业与学研机构之间技术（知识）能力不匹配而导致知识开发利用出现了障碍。

（3）海洋战略性新兴产业的知识商业化阶段：涉海类学研机构与产业界合作激励机制不完善，彼此之间缺乏持续合作的动力，导致陷入了产学研合作效率低下的困境。众所周知，学研机构与企业属于不同制度系统。学研机构倾向于将知识及时披露以谋求更大的学术影响力，而企业更倾向于将研究成果保密以最大程度上谋求更大商业化利益[266]。尤其在知识商业化阶段，知识与实践结合更为紧密，其市场应用价值更加明晰，那么双方目标不一致问题更为突出。虽然在政府的推动下，涉海类企业与学研机构之间建立起合作关系，由于缺乏有效的利益分配机制和矛盾协调机制，导致双方合作仅仅停留在表面，阻碍知识商业化和产学研合作的成效。此外，我国科技成果转化体系不完善，金融机构、服务中介机构等组织没有为涉海类企业与学研机构合作提供必要的金融支持和完善的科技咨询服务。

4.6 结论与建议

海洋战略性新兴产业作为战略性新兴产业的重要组成部分，自从在“十三五”规划中被提出以来，它成为我国重点培育和发展的战略性产业。在此背景下，本章对美国和西班牙等海洋强国推动海洋生物医药产业发展所采取的产学研合作创新模式机制进行深入分析，旨在为我国发展海洋战略性新兴产业提供一些有益启示。本章发现，美国和西班牙等海洋强国的涉海类企业、大学和科研院所在创新价值链前端的基础前沿研究、中端的关键共性技术开发和后端的专有技术商业化形成了一个相互促进、相互反馈的创新模式，有效地提升海洋战略性新兴产业的国际竞争力。相比欧美发达国家，我国的海洋战略性新兴产业起步较晚，涉海类企业的科技创新能力较为薄弱，科研成果向市场转化的有效机制尚未真正建立，创新价值链前端的基础研究与后端的生产经营相互脱节的困境仍然存在。

本章在充分把握我国海洋战略性新兴产业发展的现实情境基础上，借鉴欧美海洋强国的成功经验，从创新价值链的视角提出相应的对策与建议，为我国建立起有效的产学研合作模式机制来提升海洋战略性新兴产业的国际竞争力提供有益启示。

（1）海洋战略性新兴产业的知识产生阶段：鼓励涉海类学研机构与企业在巴斯德象限（产业驱动型的基础研究领域）加强合作，使得所创造出来的知识能够“顶天立地”。巴斯德象限研究是一种为了攻克产业发展所遇到技术瓶颈而开展的以应用为导向的基础研究[178]。涉海类企业与学研机构在巴斯德象限进行合作不仅有助于企业掌握到那些制约产业发展的前沿核心技术背后所蕴藏的科学原理，为其实现原始创新奠定了理论基础，而且有助于学研机构在合作过程中承担起前沿技术基础研究核心功能，为高水平科学研究创造有利条件[178]。由于巴斯德象限的基础研究密切关注产业发展实践需求和未来发展趋势，对提升产业核心竞争力有很大帮助，政府应该通过组织实施一批海洋科技专项，引导涉海类学研机构与企业在该领域加强合作。同时，由于巴斯德象限的研究仍然属于基础研究范畴，所创造的知识具有明显的公共属性，容易导致市场失灵，因此本阶段的产学研合作应该采取由学研机构为主导、企业为辅的合作模式。

（2）海洋战略性新兴产业的知识开发阶段：为了解决我国创新主体能力合作不匹配而导致知识跨组织转移效率低下的局面，亟须改变当今我国涉海类企业的技术创新能力普遍低下的局面。为此，国家应该出台相关政策鼓励涉海类企业设立海洋科技研发中心或实验室，招聘科技人员，同时鼓励涉海类大学和科研院所派出技术人员到企业挂职，帮助涉海类企业提升科技创新能力水平。同时可以通过税收减免、事后财政补贴等政策来鼓励涉海类企业加大研发投入，以提升企业的吸收能力，扫除涉海类企业与学研机构之间技术（知识）能力不匹配而导致知识转移出现障碍。此外，为了解决涉海类企业在行业核心技术面前的“搭便车”行为而表现出来的创新动力不足问题，政府通过财政补贴、贴息等杠杆手段引导涉海类企业加大对行业核心技术的研发投入力度，鼓励涉海类企业通过自建或者与学研机构联合建设实验室或研发中心的方式来提升自主创新能力。同时，政府投入海洋科技专项资金来建设行业共性技术公共研发平台，通过公共研发平台来支持涉海类企业、大学和科研院所以及其他辅助机构联合攻关制约产业发展的共性问题和核心技术难题，逐渐推进由学研机构主导的产学研合作模式向与涉海类企业联合主导的产学研合作模式转变。

（3）海洋战略性新兴产业的知识商业化阶段：寻求建立起产学研合作长效机制，通过良好的激励机制和利益分配机制来最大限度缓和涉海类企业与学研机构目标导向的冲突问题。在本阶段不能仅关注涉海类企业的自身利益，也要重视学研机构的自身利益诉求，应该在知识商业化所获得收益给予酌情处理，增加涉海类学研机构的科技转化收益，确保在本阶段的产学研合作反哺学研机构以进一步推进科学研究。本阶段知识更加贴近市场，产业化路径更加明晰，涉海类企业是知识商业化的最直接受益者。因此，它们的合作创新意愿比学研机构更加强烈。鉴于此，学研机构不应该过多地参与创新价值链下游的知识商业化活动，让位给企业成为产学研合作的主导者。涉海类企业应该加大研发投入，以加快孵化学研机构所创造的前沿科技知识。同时将知识商业化过程中所遇到的困难及市场需求反馈给学研机构，以实现对技术路径做进一步修正和改良。此外，政府推动金融机构参与本阶段的产学研合作，鼓励金融机构设立风险投资基金和信贷基金为知识商业化提供资金支持，引导金融机构为海洋新兴企业的技术开发和生产经营提供信贷服务。最后，加快建设市场化运作的海洋科技成果转化服务体系，发挥服务中介机构在海洋科技商业化过程中“桥梁”作用。

5

海洋战略性新兴产业的产学研合作网络特征、演化和影响

在当今日益开放的网络化时代，大学、科研院所与企业等创新组织彼此之间加强多边交流与合作，并逐步向复杂的网络化模式转变[7]。如何推动涉海类企业与大学、科研院所在海洋战略性新兴产业领域建立起有效的产学研合作网络关系，以推动海洋战略性新兴产业实现“又好又快”的发展，是学术界致力推进的研究课题。因此，研究海洋战略性新兴产业的产学研合作创新网络，对支撑国家实施“海洋强国”战略决策具有重要的现实意义和启示。

鉴于此，本章以海洋生物医药产业（海洋战略性新兴产业的下属子领域）为研究对象，对该领域的产学研合作网络特征、演化历程及其对活动主体组织绩效的影响展开研究。后续章节安排如下：首先，对实践背景和现有研究进行回顾，为本章研究奠定了实践和理论基础；其次，阐述本章研究方法和数据来源，基于企业与大学、科研院所在海洋生物医药研究领域联合发表的科技文献信息来构建产学研合作网络，并分析合作网络的结构特征及演化过程；再次，通过负二项回归分析来揭示产学研合作网络对活动主体知识创新绩效的影响；最后，基于实证结果归纳出本章的研究发现，并提出理

论和实践启示以及政策建议。

5.1 实践与理论背景

由于战略性新兴产业在全球金融危机爆发后的新一轮国际经济秩序调整过程中能够起到对整个经济社会长远发展具有重大引领带动作用，大力发展战略性新兴产业成为世界各个经济体建立或重塑国家竞争优势的必然选择[4]。海洋战略性新兴产业作为整个战略性新兴产业的重要组成部分，它的健康发展成为我国在经济发展“新常态”阶段推进经济结构调整和实现增长方式转变的重要抓手[24]。因此，我国政府出台的“十三五”规划纲要（2016—2020年）中明确指出要重视发展海洋战略性新兴产业，大力推动海洋资源利用关键技术研发和产业化应用，努力培育海洋经济新增长点。

“海洋战略性新兴产业”作为中国语境下的一个新概念，它伴随着“战略性新兴产业”的提出而见诸国家相关政策文件、政府报告以及学者的研究成果当中。通过对现有文献进行回顾，发现以战略性新兴产业为议题的相关研究较为丰富[267,268]。相比之下，学术界对海洋战略性新兴产业的研究处于“萌芽”发展阶段。尽管现有文献已经围绕着海洋战略性新兴产业的治理框架[255]、内涵特征[24]、产业法律监管程序[256]、产业边界[257]、产业发展影响评价[258,259]等议题展开一系列研究，但是总体上该领域的整体研究涉及科技创新议题仍然较少，有待未来研究进一步丰富和深化。

随着海洋科技创新模式已由过去“封闭式”的技术推动型或市场拉动型逐渐向“开放式”的创新网络型转变[269]，越来越多的涉海类企业与大学、科研院所在日益开放网络化环境中建立起较为复杂的网络合作关系。所以有必要采取社会合作网络理论视角去理解和考察涉海类企业与大学、科研院所等组织之间合作互动以及这种行为如何对创新组织的绩效带来影响。然而，现有研究较为缺乏这种理论视角，导致学术界对学研机构与企业在海洋战略性新兴产业领域所建立起的合作网络关系仍然缺乏较为深入的理论认识。

相比之下，社会网络分析方法已经被广泛地运用到其他研究领域。与传统管理学研究范式注重于个体特性并开展单独分析相比，社会网络分析理论的研究范式更为注重于从整体的网络视角去关注和把握网络节点（国家、区域、组织、团队及个体）彼此之间联系与互动。例如，国家或区域之间的国际交流网络关系[208-210]，组织间的合作网络关系[205-207]]以及个体间的互动交流网络关系[202-204]。在社会网络分析研究中，不同层次主体（国家、区域、组织、团队及个体）被视为合作网络的“节点”，它们之间互动交流关系形成了合作网络的“边”。这些网络“节点”和“边”嵌入在复杂合作网络中，网络“节点”获得的资源、采取的行为以及取得的绩效容易受到其所处于的网络位置以及整体网络环境的影响[270]。

其实，社会网络分析理论为探究涉海类企业与大学、科研院所在海洋战略性新兴产业领域所建立起的跨组织合作关系提供了很好的研究视角及理论基础。但现有研究对于海洋战略性新兴产业的产学研合作网络模式，以及该领域产学研合作网络演化机理的理论认识则显得不足，关于产学研合作网络对活动主体协同创新绩效的影响机理有待进一步明晰。具体而言，海洋战略性新兴产业的产学研合作网络本质特征是什么？产学研合作网络对海洋战略性新兴产业的活动主体创新绩效的影响逻辑是什么？这些构成海洋战略性新兴产业理论研究的关键，但却是现有研究的薄弱环节。鉴于此，本研究试图对海洋战略性新兴产业的产学研合作网络所涉及基本理论问题进行探讨，基于社会网络分析视角来丰富海洋战略性新兴产业的理论和实证研究。

5.2 研究设计

5.2.1 数据来源

作为海洋战略性新兴产业的重要组成部分，海洋生物医药产业是一个典型的知识密集型产业。与其他产业相比，海洋生物医药产业得以发展更依赖于科学研究推动产业关键共性技术实现新的突破。由于海洋生物医药研究的市场化程度仍然不足，仍然处于大学和科研院所为主导的基础研究阶段[232]，所以创新组织更为重视在基础研究领域开展合作以寻求新的理论突破。大学、科研院所和企业等创新组织在科学领域的合作最主要产出是合著科技论文[17,18,184]，由于产学研合作行为与合著文献数之间是显著正相关的关系[271]，这意味着合著论文数量的多寡能侧面反映产学研合作网络中各个主体之间合作的紧密程度[272]。所以国内外学者如 Park 和 Leydesdorff（2010）[153]、Zhang 等（2016）[18]和 Chen 等（2017）[17]使用合著科技论文数据来刻画企业、大学与科研院所在基础研究领域的合作行为。本章研究借鉴之前学者的一贯做法，使用合著科技论文来构建大学、科研院所和企业在海洋生物医药研究领域的产学研合作网络。

本章数据来源于 SCI-E 数据库，检索策略按照第三章（3.1.2 节）所披露的数据检索方式。检索时间：2019 年 1 月 1 日下午；检索年份跨度：1900—2018 年。一共检索出 7839 篇 SCI-E 文献。

5.2.2 研究方法

近年来，随着组织间合作（即跨组织合作）在国家创新系统扮演的角色日益重要，越来越多文献使用社会网络分析方法来剖析日益复杂的组织间合作行为[17,18,209]。现有研究主要利用该方法来描绘和可视化合作网络，并通过分析网络节点之间合作关系来剖析整个合作网络的结构特征[273]。鉴于社会网络分析方法能够为探究跨组织合作提供新的理论研究视角[274]，本章使用该方法来探究海洋生物医药研究领域的产学研合作特征及演化过程。

为了分析大学、科研院所和企业在海洋生物医药研究领域所建立的合作网络关系，本章对所搜集的 SCI-E 论文数据做以下处理：首先，将搜索得到的论文依照作者所属的组织信息分别划分成 2 类，即学术型组织——学研机构（大学和科研院所）和经济型组织——企业。具体而言，若论文作者所属组织信息同时包含学研机构和企业，则可认为该论文为大学、科研院所与企业开展合作后的产出。鉴于此，本章借鉴现有研究吴卫红等（2018）[275]基础上，将 SCI-E 论文所包含的作者地址字段中含有“COLL *”“UNIV *”“INST *”或“ACAD *”归纳为学研机构所发表的论文，用 U 代表；将论文所包含的作者地址字段中含有“LTD *”“CORP *”“INC *”或“LIM *”归纳为企业所发表的论文，用 I 代表。假若论文中同时包含 U 和 I，则表明该论文是产学研合著论文。然后使用 Bibexcel 软件对这两类组织做共现矩阵来获取产学研合作的信息。随后将共现矩阵导入 Ucinet 软件生成产学研合作共现网络，并使用该软件对网络的各项指数如平均路径长度、聚类系数、网络结构洞等进行计算。最后使用 NetDraw 软件可视化产学研合作网络[276]。

5.3 研究结果

5.3.1 研究领域发展三个阶段

为了把握海洋生物医药研究领域整体发展态势，本章分析该领域历年文献发表数量，发现海洋生物医药研究领域经历了三个主要发展阶段，如图 5-1 所示。

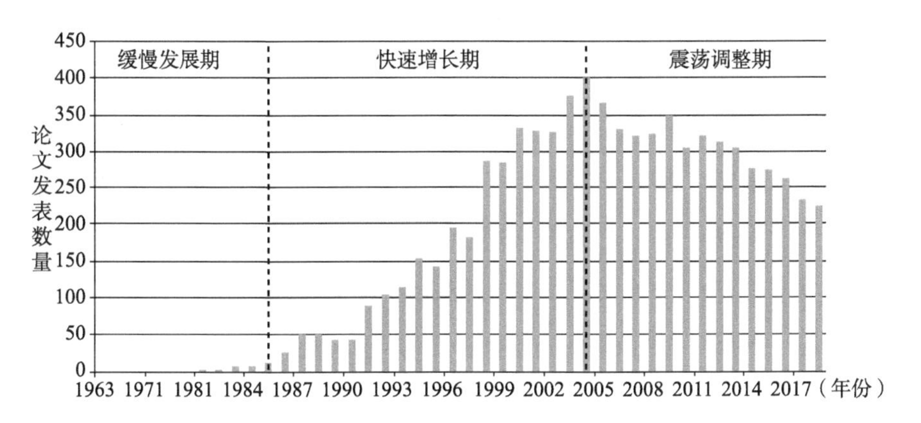

图 5-1 历年论文发表数量

（1）缓慢发展期（1963—1985 年）。海洋生物医药文献的发表数量处于缓慢增长状态，每年论文的发表量均没有超过 10 篇，一直持续到 1985 年。

（2）快速增长期（1986—2004 年）。自从 20 世纪 80 年代开始，海洋生物医药文献的发表数量开始呈现指数级增长，一直持续到 2004 年。

（3）震荡调整期（2005—2018 年）。学术界在本阶段对海洋生物医药的研究热度有所下降，论文发表数量逐年递减，由研究最高峰的 402 篇下降到 2018 年的 227 篇。

5.3.2 产学研合作网络的演化

为了追踪海洋生物医药研究领域的产学研合作网络在1963—2018年期间的结构特征演化过程，本研究通过可视化工具NetDraw软件将合作网络形象地展示出来，如图5-2所示。同时借鉴现有研究[17,18,209,277]的分析思路，使用聚类系数、平均路径长度、网络节点数、网络密度等网络指标来刻画海洋生物医药研究领域的产学研合作网络在每个发展阶段的结构特征，结果见表5-1。

图5-2很直观地显示了海洋生物医药研究领域的产学研合作网络在三个阶段动态演变过程，在第一阶段（1963—1985年）仅有11个网络节点，整体上合作网络非常稀疏，组织间的合作非常分散。进入第二阶段（1986—2004年）后，网络规模急剧膨胀，网络节点数已经上升到998个。随着网络节点数量的增加，这有助于创新组织建立起宽泛的合作关系，这对推动和实现知识创新尤为重要。第三阶段（2005—2018年），产学研合作网络规模有所回落，网络节点数量为926个，这与近年来该领域的研究热度有所下降存在很大关系。

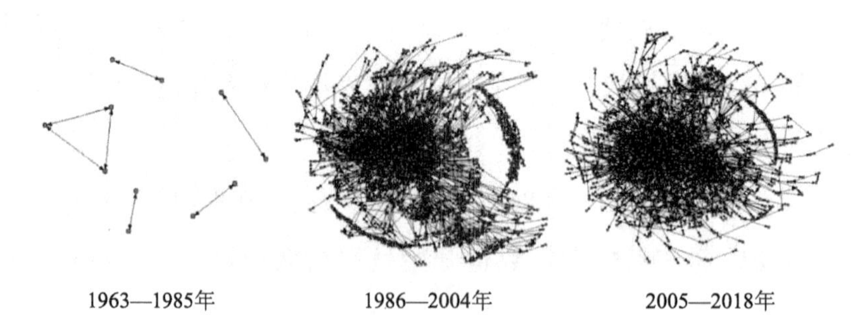

图5-2 海洋生物医药研究领域的产学研合作网络的演变历程

表5-1提供了海洋生物医药研究领域在三个阶段的产学研合作网络指标数值。从整体网络结构上可以发现，产学研合作网络规模

逐渐增大。不过随着网络规模不断扩张，其网络结构变得愈加复杂，分派现象愈加普遍。依照社会合作网络理论，派系的成员至少包含三个网络节点，任何两点之间都是直接连接。依照该定义，可以捕捉到这三个阶段产学研合作网络的分派状况，派系的数量由早期（1963—1985 年）的 1 个上升到第二阶段（1986—2004 年）的 445 个，再到第三阶段（2005—2018 年）的 755 个，这表明了海洋生物医药研究领域存在着大量小群体派别现象。

表 5-1　海洋生物医药研究领域的产学研合作网络指标（1963—2018 年）

网络指标	第一阶段（1963—1985 年）	第二阶段（1986—2004 年）	第三阶段（2005—2018 年）
整体网络			
网络节点数量	11.000	998.000	926.000
派系	1（3）	445（3）	755（3）
网络密度	0.089	0.004	0.007
聚类系数	1.000	0.500	0.624
平均路径长度	1.000	4.607	4.013
最大凝聚子群			
网络规模	3.000	845.000	880.000
规模占比	0.273	0.788	0.896
子群直径	1.000	12.000	12.000
凝聚力指数	1.000	0.243	0.277
平均中心度	2.000	8.959	15.366

由表 5-1 得知，网络密度和聚类系数的数值在三个阶段存在一定波动性。例如，网络密度由第一阶段的 0.089 下降到第二阶段的 0.004，但是该值在第三阶段反弹上升到 0.007。同样地，聚类系数由第一阶段的 1.000 下降到第二阶段的 0.500，到了第三阶段该值反弹上升到 0.624。网络密度和聚类系数的数值在第一阶段到第二阶段

出现大幅度下降，是因为在第二阶段有较多创新组织不断加入产学研合作网络中，导致网络中潜在联结边数的增加量远远超过创新组织实际联结边数的增加量[278]，从而使得整体的网络密度和局部的聚类系数均出现了下降。总体上产学研合作网络仍然较为稀疏，创新组织之间合作互动有待进一步提升。最后，表 5-1 显示了网络平均路径长度在三个阶段存在一定波动性，不过在整体上处于不断增长态势。这与网络规模的不断增大而网络节点彼此之间较少建立起直接联系（网络密度较为稀疏）存着较大关系。随着网络平均路径长度不断增长，网络信息或其他创新资源要经历的中间环节就越多，那么容易导致信息失真和资源流动缓慢等问题，可能给活动主体创新绩效带来负面影响。所以，网络节点之间资源传递的有效性有待进一步提升。

整体网络结构由众多凝聚子群（分图）组成，它们所呈现出来的特征会影响到整个网络功能的实现。为了进一步挖掘产学研合作网络特征及演化过程，本章选择最大凝聚子群做进一步的分析。最大凝聚子群至少由三个网络节点构成，它们彼此之间有相互连接的“边”，意味着它们之间联系较为紧密。由图 5-2 和表 5-1 可以发现，在早期凝聚子群较小，其规模只占总网络节点数的 27.3%。随着时间进一步推移，在第二阶段凝聚子群网络规模得到进一步发展，其中最大凝聚子群的规模显著增大，由 845 个网络节点组成，占总网络节点数的 78.8%。到了第三阶段，随着整体网络规模缩减，最大凝聚子群的网络规模也有所下降，但是其网络成员数占总网络节点数的比例进一步攀升，高达 89.6%，这意味着众多创新组织纷纷选择加入合作网络中去，这有助于拓宽创新组织获取外部知识和资源的渠道。

此外，通过分析最大凝聚子群直径大小可以了解网络节点直径的连接效率。第一阶段最大凝聚子群的直径为1，意味着连接效率最大。不过到了第二、第三阶段，随着网络规模的扩大，子群直径跃升到12，意味着网络节点的连接效率大打折扣，对创新主体从外界及时地获取新鲜、有价值的资源极为不利。值得关注的是，随着网络规模的扩大，平均中心度也不断增大，由早期的2提升到第二阶段的8.959，再到最后的15.366，表明了最大凝聚子群中的网络节点与外界建立起更多的直接联系，这有助于弥补最大凝聚子群直径不断增加可能带来的弊端。因为平均中心度不断增大可为创新主体提供更多的分享知识和交流的机会，有助于加快信息和知识的扩散，从而推动知识创新的实现。

为了进一步挖掘产学研合作网络中创新主体的演变过程，本章在参考现有研究 Zhang 等（2016）[18] 基础上，依照创新组织在网络中的活跃程度（出现次数）以及其网络中心度大小，在每个发展阶段筛选出最活跃的10个网络节点，见表5-2。

表5-2　产学研合作网络最活跃的前10个组织

排名	第一阶段（1963—1985年）	第二阶段（1986—2004年）	第三阶段（2005—2018年）
1	Univ Calif Santa Barbara	Arizona State Univ	Univ Calif San Diego
2	Arizona State Univ	Virginia Commonwealth Univ	Univ Michigan
3	Upjohn Co	National Cancer Institute	National Cancer Institute
4	Univ Alabama	Univ Texas	Victoria Univ Wellington
5	Univ Arizona	Univ Penn	Stanford Univ
6	Suny Stony Brook	Wayne State Univ	PharmaMar
7	Univ Illinois	Harvard Univ	Chinese Acad Sci
8	Univ Buenos Aires	Scripps Res Inst	Univ Florida
9	Univ Penn	Univ Florida	Univ Penn
10	Florida State Univ	PharmaMar	Univ Pittsburgh

在第一阶段（1963—1985年）10个最活跃的创新组织中，除了

美国普强药厂（Upjohn Co）是来自产业界的创新组织外，其余 9 个均来自美国的高校。由此可知，早在 20 世纪 80 年代中期之前，美国率先对海洋生物医药研究领域给予关注。在第二阶段（1986—2004 年）以及第三阶段（2005—2018 年）最活跃的 10 个创新组织中，来自西班牙的法玛玛公司（PharmaMar）取代了普强药厂成为唯一来自产业界的创新组织，而其余 9 个创新组织均来自学术界。由此可知，海洋生物医药研究领域仍然处于学研机构（大学与科研院所）占主导地位的基础研究阶段。这也认证了国家知识产权局规划发展司在 2015 年发布的《海洋生物药物技术专利态势分析报告》的观点，即海洋生物医药的市场化程度仍然存在较大不足，当前该领域主要依赖基础研究的推动。值得关注的是，美国普强药厂（Upjohn Co）和西班牙的法玛玛公司（PharmaMar）出现在海洋生物医药基础研究领域的产学研合作网络中，表明经济组织也重视海洋生物医药基础研究，因为它们意识到原始创新实现的重要基石是基础研究[178]，为此这些企业努力将自身创新能力伸展到创新价值链的上游环节。

5.3.3 产学研合作网络对绩效的影响

现有研究认为活动主体所嵌入的社会合作网络是其获取外部资源的重要社会资本，活动主体可以利用外部网络所蕴藏的创新资源来实现知识创新[279,280]。度数中心度和关系嵌入强度是反映活动主体所处合作网络特征的重要变量。其中，度数中心度指与活动主体存在着直接联系的伙伴个数[184]，反映活动主体在网络中合作的广度；关系嵌入强度是指活动主体与合作伙伴之间互动频次高低，用于表征活动主体与其他网络成员之间联系密切程度[280]，所以该变量可反映活动主体在网络中合作的深度。为了探究产学研合作网络的影响效应，本章通过建立回归模型，以海洋生物医药研究领域的产学研联盟数据来构建合作网络，分析创新组织在产学研合作网络中的合作广度（度数中心度）和深度（关系嵌入强度）如何影响资源与信息在网络中的流动，进而影响组织绩效的实现。

首先，本研究借鉴过去研究[281,282]的一贯做法，以每三年为一个时间窗口（例如：2010—2012 年，2011—2013 年，2012—2014 年，……）来构建产学研合作网络，如图 5-3 所示，一共构建出 33 个时间窗口的合作网络（考虑到 1980 年之前每年数据不连续，只能从 1980 年开始，依次为：1980—1982 年，1981—1983 年，……，2013—2015 年，由于后续回归分析的因变量需要考虑 3 年时间滞后性，只能截止到 2015 年）。

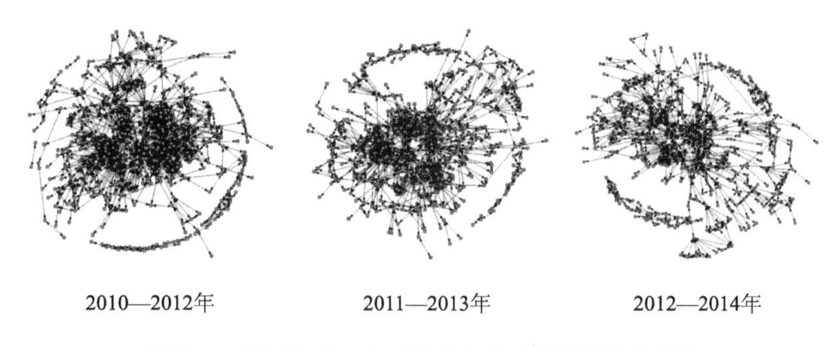

图 5-3 每三年为一个时间窗口构建跨组织合作网络

然后，利用 Ucinet 软件计算不同时间窗口内的合作网络结构指标。同时计算同一个创新组织在第 t 个时间窗口网络中的合作广度（度数中心度）和深度（关系嵌入强度）以及其在 t+1、t+2 和 t+3 年的科学绩效（科技论文发表数量）。随后通过 Excel 构建函数进行配对筛选，确保同一个创新组织在前期的网络指标值和其后续的知识创造量是一一对应的。

科技论文发表数量是一个正数而且过度离散的整数变量，方差大于均值，选择负二项分布在处理因变量离散问题时具有更大的灵活性，能有效改善离散数值的拟合效果[281]。本章借鉴现有研究[17,184]的基础上，采用负二项回归模型来实证分析产学研合作网络特征对科学绩效的影响。由于学研机构与企业之间开展实质性合作到发表论文存在一定的时滞，为了确保研究结果的稳健性，分别将参与产学研合作的创新组织在时间滞后 1、2 和 3 年科学绩效作为因变量，建立的回归模型如下：

$$AP_{t+1(2,3)}=f\ (DC_t,\ GQ_t,\ PR_t,\ CC_t,\ PL_t,\ SH_t,\ DE_t,\ NS_t)\quad(1)$$

在模型（1）中，因变量 $AP_{t+1(2,3)}$ 代表网络成员在第 t 个三年时间窗口中形成网络联盟在后续第 1、2 和 3 年发表科技论文数，自变量 DC_t、GQ_t 分别代表网络成员在第 t 个三年时间窗口中形成网络联盟的度数中心度和关系嵌入强度。其中，度数中心度可以使用公式 $DC_t=\sum_{i=1}^{n}a(P_i,\ P_k)$ 来计算[17]，如果节点 i 和 k 有直接连接关系，$a\ (P_i,\ P_k)$ 为 1，否则为 0。关系嵌入强度可以使用公式 $GQ_t=(\sum_{i=1}^{n}P_i)/n$ 来计算[280]，其中 P_i 为节点 i 与其他节点之间连接频数。控制变量 PR_t、CC_t、PL_t、SH_t、DE_t、NS_t 分别代表网络成员在第 t 个三年时间窗口中形成网络联盟时的知识储备量、聚类系数、平均路径长度、网络结构洞，网络密度和网络规模。其中，知识储备量使用创新组织进入样本前 5 年科技论文发表数量来测度[184]，用于衡量网络成员以往的知识生产能力和知识积累。其余控制变量均是常用网络指标，可以通过 Ucinet 软件对第 t 个三年时间窗口中形成合作网络分别计算出来。

本研究使用 STATA15. 1 软件对全部变量进行了描述性统计和相关性分析，结果见表 5-3。可以发现因变量科技论文发表数量的标准差明显超过其均值（以第 $t+1$ 年为例，标准差为 47. 594，均值为 11. 402），这表明使用负二项回归模型是合适的。表 5-3 显示自变量相关性的绝对值均小于阈值 0.7，同时最大方差膨胀因子是 7.6，也低于阈值 10，这意味着所建立的回归模型并不存在严重的多重共线性问题[283,284]。

表 5-3 描述性统计及相关性测量

Variable	Mean	S. D.	1	2	3	4
1. AP_{t+1}	11.402	47.594	1.000			
2. AP_{t+2}	18.114	56.612	0.961***	1.000		
3. AP_{t+3}	20.927	67.980	0.851***	0.914***	1.000	
4. DC_t,	2.893	1.317	0.328***	0.250***	0.231***	1.000
5. GQ_t,	1.273	0.608	0.076*	0.061*	0.053*	−0.098
6. PR_t	39.832	148.635	0.679***	0.652***	0.613***	0.095**
7. PL_t	4.586	1.235	−0.317*	−0.263*	−0.236*	−0.029
8. CC_t	0.653	0.241	0.147	0.150	0.126	0.272**
9. SH_t,	0.412	0.170	0.183***	0.165**	0.157**	0.345
10. DE_t	0.005	0.002	0.340*	0.322*	0.296*	0.463*
11. NS_t	283.616	82.682	0.364	0.427	0.292	0.264**
Variable	5	6	7	8	9	10
5. GQ_t,	1.000					
6. PR_t	0.064*	1.000				
7. PL_t	−0.127	−0.385**	1.000			
8. CC_t	0.113*	0.085	−0.042	1.000		
9. SH_t,	−0.128	0.155**	−0.160	−0.155*	1.000	
10. DE_t	0.221*	0.383*	−0.236	0.650**	0.262	1.000
11. NS_t	−0.086	0.227	0.415**	−0.239**	−0.276*	0.311*

注：* $P<0.1$　** $P<0.05$　*** $P<0.01$

近年来多元层次回归分析在经济管理研究领域得到广泛使用[284,285]。本章在充分借鉴现有研究[17,184]的基础上，采取多元层次回归分析方法来探究海洋生物医药研究领域的产学研合作网络对创新组织科学绩效的影响，结果见表 5-4。其中，模型 1、2 是考察时滞为 1 年产学研合作网络对科学绩效影响的回归情况。其中模型 1

仅包含所有的控制变量，模型2在模型1的基础上加入度数中心度和关系嵌入强度两个解释变量。以此类推，模型3、4和模型5、6分别考察时滞为2、3年产学研合作网络对科学绩效影响的回归情况。

表5-4　层次回归分析结果

变量 模型	AP_{t+1}		AP_{t+2}		AP_{t+3}	
	模型1	模型2	模型3	模型4	模型5	模型6
PR_t	0.447***	0.419***	0.381***	0.360***	0.328***	0.285***
PL_t	-0.165*	-0.146*	-0.128*	-0.106*	-0.135*	-0.124*
CC_t	1.862	1.750	1.496	1.343	1.250	1.286
SH_t,	0.315***	0.286***	0.458***	0.325***	0.257***	0.218***
DE_t	0.045*	0.037*	0.056*	0.042*	0.036*	0.027*
NS_t	0.623	0.594	0.488	0.425	0.563	0.497
DC_t,		0.115***		0.095***		0.086***
GQ_t		0.080**		0.077*		0.062*
Constant	2.982***	2.498**	2.125***	1.980***	1.891**	1.708*
Log likelihood	-1240.632	-1238.570	-1235.158	-1134.642	-1224.254	-1123.713
Probe>chi2	0.000	0.000	0.000	0.000	0.000	0.000

注：***表示 $p<0.01$；**表示 $p<0.05$；*表示 $p<0.1$

表5-4的模型1、3和5显示了控制变量对活动主体绩效的影响结果，得知活动主体的知识储备量对其科学绩效呈现出显著且正向影响，这验证了现有研究[17, 184]的观点，即活动主体过去的研究积累有助于提升组织绩效。网络平均路径长度对活动主体的绩效产生显著负向影响。这表明平均路径越长，对活动主体改善绩效越不利；反之，路径长度越短，那么信息流动经过的中间环节就越短，可以减少信息在流通过程中“失真”程度，有助于活动主体及时地从网络中获取到有价值的信息资源[282]，为其提高知识创造绩效奠定了基础。聚类系数对活动主体的绩效没有产生显著的影响，这可能与聚

类系数对组织绩效的影响存在着两面性有关。一方面，聚类系数越高就越有助于提升网络成员之间的信任程度，从而推动创新资源高效地实现跨组织流动，提升活动主体的绩效[184]；另一方面，聚类系数过高容易导致网络闭塞，阻碍外部新鲜知识和信息的流入，使得网络资源同质化程度变高，在此网络环境下的网络成员知识创造能力必然受挫[286]。网络结构洞对活动主体的绩效产生显著正向影响，是因为网络结构洞有助于活动主体容易地从合作伙伴那里获取到互补性知识和异质性观点及思想[206]，可为活动主体改善绩效创造了良好的条件[287,288]。本章发现网络密度对活动主体的绩效产生正向影响，这是因为网络密度的提高会大大减少网络节点之间资源传递的距离，网络资源的跨组织流动效率得到有效提升，为活动主体提升绩效创造良好的网络环境[178]。不可忽视的是，当网络密度过高时，大量的冗余信息资源就会产生并充斥在网络中，使得整个网络沦落成一个僵化且封闭的系统[178]，这样的网络环境不利于活动主体创新绩效的提升。综上所述，适中的网络密度更有利于活动主体改善组织绩效。最后，网络规模对活动主体的绩效没有产生显著的影响，这可能与网络规模对绩效的影响存在两面性有关。一方面，网络规模越大，蕴藏着创新资源就越丰富[289]，可为活动主体提供多样化资源，从而有利于提升组织绩效[290]。另一方面，网络规模越大，意味着活动主体需要耗费更多的资源去协调管理合作伙伴的关系[291]。那么，网络规模越大可能会给活动主体如何有效地管理规模过大合作网络带来极大挑战[209]，这会对其绩效提升带来不利的影响。

表 5-4 的模型 2、4 和 6 显示了活动主体在产学研合作网络中的合作广度与深度对其科学绩效的影响。可以发现，活动主体的度数中心度越高，就越有利于提升科学绩效，这与现有的研究[283,292,293]

存在一定差异。现有研究认为，活动主体与其他主体建立的产学研合作互动关系对组织绩效的影响并不是纯粹的线性影响关系，而是较为复杂的倒“U”形影响关系。一方面，活动主体与其他主体合作越广泛，就越有利于其从网络中获取到更多的信息、思想、知识以及其他机会，进而有利于科学绩效的改善；另一方面，过于宽泛的合作关系需要耗费活动主体过多的时间成本与资源来维护，这可能对它的科学绩效带来不利影响[206,294,295]。此外，过高的度数中心度可能给活动主体带来较多的同质化资源[296,297]，这对活动主体的绩效促进作用容易出现“边际性递减”现象。所以，适中的产学研合作网络关系更有利于组织实现创新[55,64–65]。由此可知，涉海类企业、大学和科研院所等创新组织在产学研合作网络中所建立的合作互动关系的宽泛程度尚未达到“拐点”，它们的合作广度有待进一步增强。此外，由模型 2、4 和 6 得知关系嵌入强度对绩效存在着显性正向影响，这与现有研究[280,298]的观点存在差异，唐青青等（2018）[280]和 Hansen（1999）[298]认为低水平嵌入关系更有效地促进活动主体对显性知识的识别和获取，而高水平的嵌入关系可能会导致活动主体从合作伙伴那里获得的知识容易出现高度冗余。另一方面，低水平的嵌入关系不利于活动主体与其他合作伙伴信任机制的建立，然而高水平的嵌入关系需要耗费活动主体大量资源，可能不利于知识创新。综上所述，关系嵌入强度与组织绩效之间可能存在着较为复杂的非线性关系。当活动主体的网络嵌入水平较低时，关系嵌入强度对组织绩效产生正向影响，而当活动主体的网络嵌入水平较高时，关系嵌入程度对绩效产生负向影响。这意味着涉海类企业、大学和科研院所等创新组织在产学研合作网络中的关系嵌入强度尚未达到“拐点”，合作深度有待进一步提升。

5.4 结论与启示

5.4.1 研究发现

本章以海洋生物医药产业为例，探究海洋战略性新兴产业的产学研合作网络特征及演化过程，发现该领域的产学研合作网络结构随着时间的推移而变得愈加复杂，分派现象愈加普遍，而且网络平均路径长度不断增长，创新组织间的联结难度不断提升。最大凝聚子群的网络成员数占总网络节点数不断攀升，最大凝聚子群直径不断增加，网络成员之间的合作互动仍然不够紧密，可能给网络资源的跨组织流动带来不利影响。在分析产学研合作网络演化的每个发展阶段最活跃的10个创新组织时，发现海洋生物医药研究领域仍然处于以大学和科研院所为主导的基础研究阶段，但是作为经济组织的企业——美国普强药厂（Upjohn Co）和西班牙的法玛玛公司（PharmaMar）频繁出现在海洋生物医药科学研究领域的产学研合作网络中，表明企业日益重视在基础研究领域与学术型组织加强合作。

此外，本章通过分析产学研合作网络特征对科学绩效的影响，发现活动主体在产学研合作网络中的合作广度与深度对组织绩效均存在着显著正向影响。通过与过去研究[280,283,292,293,298]进行对照分析，得知创新组织在产学研合作网络中的合作广度与深度均处于较低程度，尚未达到“拐点”。这意味着涉海类企业和大学、科研院所的合作广度与深度有待进一步提升。同时，本章还发现，其余网络指标例如平均路径长度、网络结构洞、网络密度均对活动主体的绩效产生显著影响，这表明产学研合作创新网络在推动海洋战略性新兴产业发展方面发挥着不可或缺的创新驱动作用。

5.4.2 理论与实践启示

相较于现有研究较为缺乏从社会网络分析视角来研究海洋战略性新兴产业的产学研合作相关议题，本章对大学、科研院所和企业等创新组织在海洋战略性新兴产业领域的合作网络关系进行定量分析，并进一步研究我国海洋战略性新兴产业的产学研合作创新网络如何对创新组织的绩效产生影响。本章从社会网络分析视角来丰富海洋战略性新兴产业研究领域的理论与实证研究，为未来研究基于该理论视角来探究海洋战略性新兴产业的相关议题提供一定的理论启示。此外，虽然产学研合作创新是推进海洋战略性新兴产业实现突破性发展的必然选择[6]，但是以海洋战略性新兴产业的产学研合作为议题展开相关研究的文献仍然较为缺乏，导致学术界对学研机构与企业在海洋战略性新兴产业领域所建立起的合作模式及演化路径仍然缺乏足够的理论认识。本章为学术界对海洋战略性新兴产业的产学研合作模式、动因及影响效应等议题展开研究提供一定的理论启示。

除了理论启示外，本章所得到的研究发现为国家推进建设“海洋强国”战略决策提供了一些实践和政策启示。具体而言，本章发现海洋生物医药研究领域的产学研合作网络仍然较为稀疏，创新组织之间的合作互动仍然不够紧密，而且网络平均路径长度不断增长，创新组织间的联结难度不断提升，这不利于创新组织加强合作以推动海洋战略性新兴产业核心技术实现突破性发展。为此，政府部门应该出台相关支持政策（例如产学研合作科技专项）来推动产业界和学术界在海洋战略性新兴产业领域加强互动与合作，鼓励创新组织重点围绕着海洋产业核心共性技术和关键技术开展联合攻关，在政府科技支撑计划的大力支持下实现产业核心技术新突破，为抢占海洋战略性新兴产业前沿科技的制高点创造条件。总之，大学、科研院所与企业在海洋战略性新兴产业领域需要进一步加强彼此之间合作关系，让其真正起到海洋科技创新“倍增器”作用，推动海洋战略性新兴产业实现“又好又快”的发展，从根本上摆脱当前“高端产业，低端技术”的发展模式。

此外，本章还发现美国的普强药厂（Upjohn Co）和西班牙的法玛玛公司（PharmaMar）出现在海洋生物医药基础研究领域的产学研合作网络中，这表明来自欧美发达国家的企业日益重视在科学领域的研发投入并寻求将自身的研发能力延伸到创新价值链前端的基础前沿研究领域。众所周知，原始创新得以实现的重要基石是基础科学研究[178]。如果企业缺乏相关背景知识以及较少在基础研究领域开展相关科研活动，那么其对组织外部知识的吸收能力难以提升，这无益于创新能力的提升和核心技术的突破[64]，尤其对于知识密集型的战略性新兴产业更为如此。鉴于此，政府应该通过财政补贴、贴息等杠杆手段引导涉海类企业加大对行业核心技术的基础研究投入力度，鼓励涉海类企业通过自建或者与学研机构联合建设实验室或研发中心的方式来提升科研能力水平，扫除我国涉海类企业与学研机构由于技术（知识）能力不匹配问题而导致知识转移出现障碍的困境，从根本上解决海洋战略性新兴产业的科技与经济“两张皮”的现象。

5.4.3　研究局限性

本章研究的局限性主要存在两点：第一，本章仅以海洋战略性新兴产业的一个典型子领域——海洋生物医药领域为例来对该产业的产学研合作网络特征、演化及影响展开系统研究，所得到的研究发现能否推广到整体海洋战略性新兴产业有待未来做进一步考究。

第二，本章仅以SCI-E数据库所收集的大学、科研院所和企业在海洋生物医药研究领域联合发表的科技文献为数据来源，并没有考虑它们联合发表其他形式研究成果，包括共同申请的专利、合著的学术专著、共同撰写的研究报告以及其他文献材料，这些数据欠考虑可能会对研究结论产生一定的干扰。

6 结 语

在当今建设“海洋强国”的背景下，国家做出大力发展海洋战略性新兴产业的重大战略部署。如何推动海洋战略性新兴产业实现突破性发展，以带动我国东部沿海地区海洋产业结构优化和海洋经济的可持续发展，逐渐成为社会各界关注的热点议题。在此背景下，国内外学者对海洋战略性新兴产业的内涵、影响因素、培育机制和发展对策等议题展开了一系列研究。值得关注的是，学术界对海洋战略性新兴产业的产学研合作相关议题的研究仍然较为缺乏，导致政府如何通过开展产学研合作来推动海洋战略性新兴产业实现跨越式发展和实现海洋强国战略目标缺乏现实的理论依据。为了弥补现有研究的不足，本书对海洋战略性新兴产业的产学研合作模式、运行机制及影响机理等议题展开系统研究。

首先，为了引出在海洋战略性新兴产业开展产学研合作的重要性和紧迫性这个重要议题，本书以一个典型的海洋战略性新兴产业——海洋生物医药产业为研究对象，采取文献计量和基础研究竞争力指数来对海洋生物医药研究领域的整体发展状况及主要国家的基础研究竞争力进行分析。研究发现不仅有助于把握各国在海洋战略性新兴产业的基础研究领域竞争态势和明晰我国与海洋科技强国在该领域的差距具有现实指导意义，还彰显出产学研合作创新成为推动海洋战略性新兴产业实现跨越式发展的原动力。

其次，本书以西方海洋强国推动海洋生物医药产业发展所采取的产学研合作联盟为研究样本，分析海洋战略性新兴产业的特征及其产学研合作创新模式，还试图理清产学研合作在海洋战略性新兴产业科技创新过程中的影响机制，探究我国海洋战略性新兴产业的产学研合作创新所存在的问题，并基于此提出有效的应对策略及建议，以期为促进我国海洋战略性新兴产业的科技创新和支撑国家“海洋强国”战略决策提供新的依据和参考。

最后，本书以海洋生物医药产业为研究对象，对这个典型的海洋战略性新兴产业的产学研合作网络特征、演化历程及影响展开系统研究，所得到的研究发现不仅可以为国家推进建设“海洋强国”战略决策提供实践和政策启示，还为学术界在未来对海洋战略性新兴产业的产学研合作模式、动因及影响效应等议题展开研究提供一定的理论启示。

本书的研究贡献主要包括：（1）丰富了海洋战略性新兴产业的产学研合作理论和实证研究。通过对现有研究进行系统梳理，发现学术界较为缺乏对海洋战略性新兴产业的产学研合作展开系统研究，与之相关的理论及研究范式尚未成熟，导致政府实施“海洋强国”战略决策过程中如何有效地开展产学研合作创新以实现技术创新资源的优化配置缺乏足够的理论支撑。鉴于此，本书对海洋战略性新兴产业的产学研合作展开研究，不仅拓展了该领域的产学研合作理论研究，同时还满足国家实施“海洋强国”战略决策和发展“海洋战略性新兴产业”过程中对理论依据的迫切需求。（2）弥补了现有研究较为缺乏从社会网络分析视角来研究海洋战略性新兴产业的产学研合作相关议题所存在的不足。相较于现有研究普遍采用传统的逻辑推理或定性分析方法来对海洋战略性新兴产业的科技创新相关议题进行研究，本书从社会合作网络视角来定量分析和研究学研机构与企业在海洋战略性新兴产业所建立的合作网络关系、演化机理及影响机制，得到的研究发现对创新主体在当今网络化时代如何有效地协调彼此之间的合作网络关系来加快科技成果产业化，促进海洋战略性新兴产业不断发展具有重要的实践指导意义。同时，本书所开展的相关研究进一步丰富了跨组织合作网络的理论和实证研究。总之，本书对丰富海洋战略性新兴产业领域的产学研合作理论与实证研究、社会网络理论研究和支撑国家推动海洋战略性新兴产业的产学研合作实践而实施的相关决策均具有较大的理论价值和实践指导意义。

参考文献

［1］姜秉国．中国海洋战略性新兴产业国际合作领域识别与模式选择［J］．中国海洋大学学报（社会科学版），2013（4）：7-12.

［2］张玉强，宁凌，王桂花．我国海洋战略性新兴产业培育模型与应用研究——以广东为实证［J］．中国科技论坛，2014（2）：46-51.

［3］陈莹莹，宁凌．我国海洋战略性新兴产业发展的理论研究综述［J］．当代经济，2017（22）：154-156.

［4］于会娟，姜秉国．海洋战略性新兴产业的发展思路与策略选择——基于产业经济技术特征的分析［J］．经济问题探索，2016，37（7）：106-111.

［5］宁凌．中国海洋战略性新兴产业选择、培育的理论与实证研究［M］．北京：中国经济出版社，2015.

［6］陈伟，周文，郎益夫，杨早立．产学研合作创新网络结构和风险研究——以海洋能产业为例［J］．科学学与科学技术管理，2014，35（9）：59-66.

［7］申俊喜．创新产学研合作视角下我国战略性新兴产业发展对策研究［J］．科学学与科学技术管理，2012，33（2）：37-43.

［8］Chen Z，Guan J. Mapping of biotechnology patents of China from 1995-2008［J］. Scientometrics，2011，88（1）：73-89.

［9］ Gao X, Guo X, Guan J. An analysis of the patenting activities and collaboration among industry-university-research institutes in the Chinese ICT sector ［J］. Scientometrics, 2014, 98 (1): 247-263.

［10］ 刁丽琳，朱桂龙，许治．国外产学研合作研究述评、展望与启示［J］．外国经济与管理，2011，33（2）：48-57.

［11］ Gerdsri N, Kongthon A. Bibliometrics and Social Network Analysis Supporting the Research Development of Emerging Areas: Case Studies from Thailand ［J］. World Scientific Book Chapters, 2018, (10): 253-277.

［12］ Zanjirchi S M, Abrishami M R, Jalilian N. Four decades of fuzzy sets theory in operations management: application of life-cycle, bibliometrics and content analysis ［J］. Scientometrics, 2019, 119 (3): 1289-1309.

［13］ Keramatfar A, Amirkhani H. Bibliometrics of sentiment analysis literature ［J］. Journal of Information Science, 2019, 45 (1): 3-15.

［14］ Zhang Y, Kou M, Chen K, Guan J, Li Y. Modelling the Basic Research Competitiveness Index (BR-CI) with an application to the biomass energy field ［J］. Scientometrics, 2016, 108 (3): 1221-1241.

［15］ 陈凯华，张艺，穆荣平．科技领域基础研究能力的国际比较研究——以储能领域为例［J］．科学学研究，2017，35（1）：34-44.

［16］ 张艺，孟飞荣．海洋战略性新兴产业基础研究竞争力发展态势研究——以海洋生物医药产业为例［J］．科技进步与对策，2019，36（16）：67-76.

［17］ Chen K, Zhang Y, Zhu G, Mu R. Do research institutes benefit from their network positions in research collaboration networks with industries or/and universities? [J]. Technovation, 2017 (In Press).

[18] Zhang Y, Chen K, Zhu G, Yam R C M, Guan J. Inter-organizational scientific collaborations and policy effects: an ego-network evolutionary perspective of the Chinese Academy of Sciences [J]. Scientometrics, 2016, 108 (3): 1383-1415.

[19] 张艺，龙明莲. 海洋战略性新兴产业的产学研合作：创新机制及启示 [J]. 科技管理研究，2019，39 (20)：91-98.

[20] 张根福，魏斌. 习近平海洋强国战略思想探析 [J]. 思想理论教育导刊，2018 (5)：33-39.

[21] 沈满洪，余璇. 习近平建设海洋强国重要论述研究 [J]. 浙江大学学报（人文社会科学版），2018，48 (6)：5-17.

[22] 张艺. 学研机构科研团队的产学研合作网络对学术绩效影响研究 [M]. 北京：中国经济出版社，2018.

[23] 刘海朋，陈东景. 海洋战略性新兴产业研究进展综述 [J]. 海洋经济，2017，7 (2)：55-64.

[24] 姜秉国，韩立民. 海洋战略性新兴产业的概念内涵与发展趋势分析 [J]. 太平洋学报，2011，19 (5)：76-82.

[25] 仲雯雯，郭佩芳，于宜法. 中国战略性海洋新兴产业的发展对策探讨 [J]. 中国人口·资源与环境，2011，21 (9)：163-167.

[26] Claude G. Dynamic competition and development of new competencies [M]. Charlotte: Information Age Publishing, 2003.

[27] 白福臣，王广旭. 广东省重点海洋高新技术产业化的选择与培育研究 [J]. 资源开发与市场，2011 (10)：916-919.

[28] 姜江，盛朝迅，杨亚林. 中国战略性海洋新兴产业的选取

原则与发展重点［J］. 海洋经济，2012，2（1）：21-26.

［29］宁凌，王微，杜军. 海洋战略性新兴产业选择理论依据研究述评［J］. 中国渔业经济，2012，30（6）：162-170.

［30］宁凌，杜军，胡彩霞. 基于灰色关联分析法的我国海洋战略性新兴产业选择研究［J］. 生态经济，2014，30（8）：31-36.

［31］杜军，宁凌，胡彩霞. 基于主成分分析法的我国海洋战略性新兴产业选择的实证研究［J］. 生态经济，2014，30（4）：103-109.

［32］刘堃. 中国海洋战略性新兴产业培育机制研究［D］. 青岛：中国海洋大学，2013.

［33］李姣. 海洋战略性新兴产业金融支持体系研究［D］. 青岛：中国海洋大学，2012.

［34］Harbi S，Amamou M，Anderson A R. Establishing high-tech industry：The Tunisian ICT experience［J］. Technovation，2009，29（6-7）：465-480.

［35］孙健，林漫. 利用金融创新促进海洋高新技术的产业化［J］. 财经研究，2001，27（12）：56-62.

［36］白福臣，王锋. 海洋新兴产业投资机制创新的战略思考［J］. 河北工程大学学报（社会科学版），2011，28（2）：46-49.

［37］Sankaran J K，Mouly V S. Managing innovation in an emerging sector：the case of marine-based nutraceuticals［J］. R&D Management，2007，37（4）：329-344.

［38］王淑玲，管泉，厉娜. 青岛海洋科技创新支撑海洋新兴产业发展分析［J］. 中国科技信息，2016（7）：95-97.

［39］Side J，Jowitt P. Technologies and their influence on future

UK marine resource development and management [J]. Marine policy, 2002, 26 (4): 231-241.

[40] Roche R, Walker-Springett K, Robins P, Jones J, Veneruso G, Whitton T, Piano M, Ward S, Duce C, Waggitt J. Research priorities for assessing potential impacts of emerging marine renewable energy technologies: Insights from developments in Wales (UK) [J]. Renewable Energy, 2016 (99): 1327-1341.

[41] 张耀光，胡新华，高辛萍. 我国海洋经济高新技术的“瓶颈”制约及对策 [J]. 人文地理，2002，17 (3)：90-92+25.

[42] Harfield T. Competition and cooperation in an emerging industry [J]. Strategic Change, 1999, 8 (4): 227-234.

[43] 丁娟，葛雪倩. 制度供给、市场培育与海洋战略性新兴产业发展 [J]. 华东经济管理，2013，27 (11)：88-93.

[44] 韩佳佳. 山东省战略性新兴产业发展的要素支撑与对策建议研究 [D]. 青岛：青岛科技大学，2016.

[45] 韩增林，夏雪，林晓，赵林. 基于集对分析的中国海洋战略性新兴产业支撑条件评价 [J]. 地理科学进展，2014，33 (9)：1167-1176.

[46] 冯冬. 我国海洋战略性新兴产业区域差异及影响因素分析 [D]. 天津：天津理工大学，2015.

[47] 杨冠英. 中国战略性海洋新兴产业发展要素贡献度与配置研究 [D]. 青岛：中国海洋大学，2014.

[48] 宁凌，张玲玲，杜军. 海洋战略性新兴产业选择基本准则体系研究 [J]. 经济问题探索，2012 (9)：107-111.

[49] 汪亮，杜军，宁凌. 海洋战略性新兴产业选择分析技术综

述［J］. 科技管理研究，2014，34（1）：47-51.

［50］刘堃，周海霞，相明．区域海洋主导产业选择的理论分析［J］. 太平洋学报，2012，20（3）：58-65.

［51］刘堃，韩立民．海洋战略性新兴产业形成机制研究［J］. 农业经济问题，2012（12）：90-96.

［52］周乐萍，林存壮．我国海洋战略性新兴产业培育问题探析［J］. 科技促进发展，2013（5）：77-83.

［53］宁凌，欧春尧．中国海洋新兴产业研究热点：来自1992—2016年CNKI的经验证据［J］. 太平洋学报，2017，25（7）：44-53.

［54］李彬，戴桂林，赵中华．我国海洋新兴产业发展预测研究——基于灰色预测模型GM（1，1）［J］. 中国渔业经济，2012，30（4）：97-103.

［55］王泽宇，刘凤朝．我国海洋科技创新能力与海洋经济发展的协调性分析［J］. 科学学与科学技术管理，2011，32（5）：42-47.

［56］杜军，王许兵．基于产业生命周期理论的海洋产业集群式创新发展研究［J］. 科技进步与对策，2015，32（24）：56-61.

［57］张静，姜秉国．我国海洋战略性新兴产业发展的政策体系研究［J］. 中国渔业经济，2015，33（4）：4-11.

［58］刘明，汪迪．战略性海洋新兴产业发展现状及2030年展望［J］. 环渤海经济瞭望，2012（4）：21-25.

［59］李文增，鹿英姿，王刚，李拉．“十二五”时期加快我国战略性海洋新兴产业发展的对策研究［J］. 海洋经济，2011，1（4）：13-17.

［60］黄盛．战略性海洋新兴产业发展的个案研究［J］．经济纵横，2013（6）：85-88.

［61］周元，梁洪力，王海燕．论中国创新悖论："两张皮"与"76%"［J］．科学管理研究，2015（3）：1-4.

［62］程鹏，柳卸林．对政府推进自主创新战略的一个评价［J］．科学学与科学技术管理，2010，31（11）：19-26.

［63］柳卸林．我国产业创新的成就与挑战［J］．中国软科学，2002（12）：109-113.

［64］柳卸林，何郁冰．基础研究是中国产业核心技术创新的源泉［J］．中国软科学，2011（4）：104-117.

［65］Gloor P A. Swarm creativity：Competitive advantage through collaborative innovation networks［M］. Oxford：Oxford University Press，2006.

［66］陈劲．最佳创新企业［M］．北京：科学出版社，2012.

［67］Serrano V，Fischer T. Collaborative innovation in ubiquitous systems［J］. Journal of Intelligent Manufacturing，2007，18（5）：599-615.

［68］何郁冰．产学研协同创新的理论模式［J］．科学学研究，2012，30（2）：165-174.

［69］Hanna V，Walsh K. Small firm networks：a successful approach to innovation?［J］. R&D Management，2002，32（3）：201-207.

［70］Schwartz M，Peglow F，Fritsch M，Günther J. What drives innovation output from subsidized R&D cooperation? —Project-level evidence from Germany［J］. Technovation，2012，32（6）：358-369.

［71］Fu L P，Zhou X M，Luo Y F. The Research on Knowledge Spillover of Industry-University-Research Institute Collaboration Innovation

Network; proceedings of the The 19th International Conference on Industrial Engineering and Engineering Management, F, 2013 [C]. Springer.

[72] Fernandes A C, Souza B C D, Silva A S D, Suzigan W, Chaves C V, Albuquerque E. Academy—industry links in Brazil: evidence about channels and benefits for firms and researchers [J]. Science & Public Policy, 2010, 37 (7): 485-498.

[73] Orozco J, Ruiz K. Quality of interactions between public research organisations and firms: lessons from Costa Rica [J]. Science & Public Policy, 2010, 37 (7): 527-540.

[74] Dutrenit G, Arza V. Channels and benefits of interactions between public research organisations and industry: comparing four Latin American countries [J]. Science and Public Policy, 2010, 37 (7): 541-553.

[75] Arza V. Channels, benefits and risks of public-private interactions for knowledge transfer: conceptual framework inspired by Latin America [J]. Science and Public Policy, 2010, 37 (7): 473-484.

[76] Arza V, Vazquez C. Interactions between public research organisations and industry in Argentina [J]. General Information, 2010, 37 (7): 499-511.

[77] 李久平，姜大鹏，王涛．产学研协同创新中的知识整合——一个理论框架 [J]. 软科学，2013，27（5）：136-139.

[78] 李祖超，梁春晓．协同创新运行机制探析——基于高校创新主体的视角 [J]. 中国高教研究，2012（7）：81-84.

[79] Van Gils A, Zwart P. Knowledge Acquisition and Learning in Dutch and Belgian SMEs: The Role of Strategic Alliances [J]. European

management journal，2004，22（6）：685-692.

[80] 解学梅，刘丝雨．协同创新模式对协同效应与创新绩效的影响机理 [J]. 管理科学，2015（2）：27-39.

[81] 陈劲，阳银娟．协同创新的理论基础与内涵 [J]. 科学学研究，2012，2（30）：161-164.

[82] 洪银兴．产学研协同创新的经济学分析 [J]. 经济科学，2014（1）：56-64.

[83] 谈力，李栋亮．日本创新驱动发展轨迹与政策演变及对广东的启示 [J]. 科技管理研究，2016，36（5）：30-35.

[84] 许治，杨芳芳，陈月娉．重大科研项目合作困境——基于有组织无序视角的解释 [J]. 科学学研究，2016，34（10）：1515-1521.

[85] 李侠．中国科研中的合作困境问题 [J]. 科技导报，2012，30（13）：81.

[86] Schumpeter J A. Theory of Economic Development [M]. Cambridge. MA：Harvard University Press，1912.

[87] 曾国屏，苟尤钊，刘磊．从"创新系统"到"创新生态系统" [J]. 科学学研究，2013，31（1）：4-12.

[88] Nelson Richard R，Winter Sidney G. An evolutionary theory of economic change [M]. Cambridge. MA：Belknap Press of Harvard University，1982.

[89] 朱桂龙，张艺，陈凯华．产学研合作国际研究的演化 [J]. 科学学研究，2015，33（11）：1669-1686.

[90] Freeman C. Technology Policy and Economic Performance. Lessons from Japan [M]. London：Pinter Publishers，1987.

[91] Lundvall B A. National Innovation Systems：Towards a Theory of

Innovation and Interactive Learning [M]. London: Pinter Publishers, 1992.

[92] Nelson R R, ed. National innovation systems: a comparative analysis [M]. Oxford: Oxford university press: Oxford, 1993.

[93] Cooke P. Regional innovation systems-an evolutionary approach [C]. In: Baraczyk, H., Cooke, P., Heidenriech, R. (Eds.), Regional Innovation Systems. London: London University Press, 1996.

[94] Gibbons M, Limoges C, Nowotny H, Schwartzman S, Scott P, Trow M. The new production of knowledge: The dynamics of science and research in contemporary societies [M]. Thousand Oaks: Sage, 1994.

[95] Etzkowitz H, Leydesdorff L. The Triple Helix—University-Industry-Government Relations: A Laboratory for Knowledge Based Economic Development [J]. Glycoconjugate Journal, 1995, 14 (1): 14-19.

[96] Etzkowitz H, Leydesdorff L. The dynamics of innovation: from National Systems and "Mode 2" to a Triple Helix of university-industry-government relations [J]. Research Policy, 2000, 29 (2): 109-123.

[97] Chesbrough H. The Era of Open Innovation, Boston [M]. Boston: Harvard Business School Press, 2003.

[98] Hwang V W, Horowitt G. The rainforest: The secret to building the next Silicon Valley [M]. Regenwald Los Altos Hills, CA, 2012.

[99] 陈芳，眭纪刚. 新兴产业协同创新与演化研究：新能源汽车为例 [J]. 科研管理，2015，36 (1)：26-33.

[100] 杨林，柳洲. 国内协同创新研究述评 [J]. 科学学与科学技术管理，2015，36 (4)：50-54.

[101] 陈劲，阳银娟. 协同创新的理论基础与内涵 [J]. 科学学研究，2012，30 (2)：161-164.

［102］陈强，胡雯．两类协同创新网络的特征与形成：以“2011 协同创新中心”为例［J］．科学学与科学技术管理，2016，37（3）：86-96.

［103］许治，黄菊霞．协同创新中心合作网络研究——以教育部首批认定协同创新中心为例［J］．科学学与科学技术管理，2016，37（11）：55-67.

［104］贺新闻，辛吉勋．跨组织横向协同创新研究综述［J］．科学管理研究，2015（2）：9-11.

［105］Ansoff I H. Corporate strategy［M］. New York：McGraw-Hill，1965.

［106］赫尔曼·哈肯．协同学：大自然构成的奥秘［M］．上海：上海译文出版社，2005.

［107］Ketchen D J，Ireland R D，Snow C C. Strategic entrepreneurship，collaborative innovation，and wealth creation［J］. Strategic Entrepreneurship Journal，2007，1（3-4）：371-385.

［108］赵立雨．基于协同创新的技术创新网络扩张研究［J］．科技进步与对策，2012，29（22）：11-14.

［109］张方．协同创新对企业竞争优势的影响——基于熵理论及耗散结构论［J］．社会科学家，2011（8）：78-81.

［110］Persaud A. Enhancing synergistic innovative capability in multinational corporations：An empirical investigation［J］. Journal of product innovation management，2005，22（5）：412-429.

［111］Soeparman S，van Duivenboden H，Oosterbaan T. Infomediaries and collaborative innovation：A case study on Information and Technology centered Intermediation in the Dutch Employment and Social Security Sector

[J]. Information Polity, 2009, 14 (4): 261-278.

[112] 张在群. 政府引导下的产学研协同创新机制研究 [D]. 大连: 大连理工大学, 2013.

[113] 侯二秀, 石晶. 企业协同创新的动力机制研究综述 [J]. 中国管理科学, 2015 (S1): 711-717.

[114] 邱栋, 吴秋明. 产学研协同创新机理分析及其启示——基于福建部分高校产学研协同创新调查 [J]. 福建论坛: 人文社会科学版, 2013 (4): 152-156.

[115] 张力. 产学研协同创新的战略意义和政策走向 [J]. 教育研究, 2011 (7): 18-21.

[116] 严雄. 产学研协同创新五大问题亟待破解 [N]. 中国高新技术产业导报, 2007-03-20 (B06 版).

[117] 周正, 尹玲娜, 蔡兵. 我国产学研协同创新动力机制研究 [J]. 软科学, 2013, 27 (7): 52-56.

[118] 许治, 陈丽玉, 王思卉. 高校科研团队合作程度影响因素研究 [J]. 科研管理, 2015 (5): 149-161.

[119] 谢耀霆. 面向协同创新的高校科研团队组织模式与激励机制探析 [J]. 高等工程教育研究, 2015 (1): 102-106.

[120] 魏津瑜, 白冬冬. 京津冀协同发展下的科技与经济协调性的差异性研究 [J]. 科技与经济, 2015, 28 (5): 96-100.

[121] 高良谋, 马文甲. 开放式创新: 内涵、框架与中国情境 [J]. 管理世界, 2014 (6): 157-169.

[122] 陈衍泰, 吴哲, 范彦成, 戎珂. 研发国际化研究: 内涵、框架与中国情境 [J]. 科学学研究, 2017, 35 (3): 387-395.

[123] Fiaz M. An empirical study of university-industry R&D collab-

oration in China：Implications for technology in society [J]. Technology in Society, 2013, 35 (3)：191-202.

[124] Martínez-Román J A, Gamero J, Tamayo J A. Analysis of innovation in SMEs using an innovative capability - based non - linear model：A study in the province of Seville (Spain) [J]. Technovation, 2011, 31 (9)：459-475.

[125] 解学梅，方良秀．国外协同创新研究述评与展望 [J]. 研究与发展管理，2015, 27 (4)：16-24.

[126] Tomlinson P R. Co-operative ties and innovation：Some new evidence for UK manufacturing [J]. Research Policy, 2010, 39 (6)：762-775.

[127] Vuola O, Hameri A P. Mutually benefiting joint innovation process between industry and big-science [J]. Technovation, 2006, 26 (1)：3-12.

[128] Escribano A, Fosfuri A, Tribó J A. Managing external knowledge flows：The moderating role of absorptive capacity [J]. Research policy, 2009, 38 (1)：96-105.

[129] López A. Determinants of R&D cooperation：Evidence from Spanish manufacturing firms [J]. International Journal of Industrial Organization, 2008, 26 (1)：113-136.

[130] Okamuro H, Kato M, Honjo Y. Determinants of R&D cooperation in Japanese start-ups [J]. Research Policy, 2011, 40 (5)：728-738.

[131] Gulati R. Network location and learning：The influence of network resources and firm capabilities on alliance formation [J]. Strategic

management journal, 1999, 20 (5): 397-420.

[132] 解学梅，左蕾蕾，刘丝雨．中小企业协同创新模式对协同创新效应的影响——协同机制和协同环境的双调节效应模型 [J]. 科学学与科学技术管理，2014 (5): 72-81.

[133] Wright M, Clarysse B, Lockett A, Knockaert M. Mid-range universities' linkages with industry: Knowledge types and the role of intermediaries [J]. Research Policy, 2008, 37 (8): 1205-1223.

[134] Jain S, George G, Maltarich M. Academics or entrepreneurs? Investigating role identity modification of university scientists involved in commercialization activity [J]. Research Policy, 2009, 38 (6): 922-935.

[135] 朱桂龙，彭有福．产学研合作创新网络组织模式及其运作机制研究 [J]. 软科学，2003, 17 (4): 49-52.

[136] 穆荣平，赵兰香．产学研合作中若干问题思考 [J]. 科技管理研究，1998 (2): 31-34.

[137] 谢园园，梅姝娥，仲伟俊．产学研合作行为及模式选择影响因素的实证研究 [J]. 科学学与科学技术管理，2011, 32 (3): 35-43.

[138] 王英俊，丁堃．"官产学研"型虚拟研发组织的结构模式及管理对策 [J]. 科学学与科学技术管理，2004, 25 (4): 40-43.

[139] 苏敬勤，林海芬．管理创新研究视角评述及展望 [J]. 管理学报，2010, 7 (9): 1343-1349.

[140] 范惠明．高校教师参与产学合作的机理研究 [D]. 杭州：浙江大学，2014.

[141] Varrichio P, Diogenes D, Jorge A, Garnica L. Collaborative networks and sustainable business: a case study in the Brazilian system of in-

novation [J]. Procedia-Social and Behavioral Sciences, 2012(52):90-99.

[142] 吴琨，殷梦丹，赵顺龙．协同创新组织模式与运行机制的国内外研究综述 [J]. 工业技术经济，2016，35（4）：9-16.

[143] Nakwa K, Zawdie G. Structural holes, knowledge intermediaries and evolution of the triple helix system with reference to the hard disk drive industry in Thailand [J]. International Journal of Technology Management & Sustainable Development, 2015, 14 (1): 29-47.

[144] Gerybadze A, Hommel U, Reiners H W, Thomaschewski D. Innovation and international corporate growth [M]. Berlin: Springer, 2010.

[145] Baker W E, Sinkula J M. The synergistic effect of market orientation and learning orientation on organizational performance [J]. Journal of the academy of marketing science, 1999, 27 (4): 411-427.

[146] Baldwin C, von Hippel E. Modeling a Paradigm Shift: From Producer Innovation to User and Open Collaborative Innovation [J]. Organization Science, 2011, 22 (6): 1399-1417.

[147] 周晓阳，王钰云．产学研协同创新绩效评价文献综述 [J]. 科技管理研究，2014，34（11）：45-49.

[148] Bianca P, Basile R. Difference in innovation performance between advanced and backward regions Italy [J]. Convergence Project, 2001 (3): 31-54.

[149] Lam A. What motivates academic scientists to engage in research commercialization: "Gold", "ribbon" or "puzzle"? [J]. Mpra Paper, 2011, 40 (10): 1354-1368.

[150] De Fuentes C, Dutrenit G. Best channels of academia-industry

interaction for long－term benefit [J]. Research Policy, 2012, 41 (9): 1666-1682.

[151] Kafouros M, Wang C, Piperopoulos P, Zhang M. Academic collaborations and firm innovation performance in China: The role of region-specific institutions [J]. Research Policy, 2015, 44 (3): 803-817.

[152] Leydesdorff L, Sun Y. National and international dimensions of the Triple Helix in Japan: University-industry-government versus international coauthorship relations [J]. Journal of the American Society for Information Science and Technology, 2009, 60 (4): 778-788.

[153] Park H W, Leydesdorff L. Longitudinal trends in networks of university-industry-government relations in South Korea: The role of programmatic incentives [J]. Research Policy, 2010, 39 (5): 640-649.

[154] Ye F Y, Yu S S, Leydesdorff L. The Triple Helix of University-Industry-Government relations at the country level and its dynamic evolution under the pressures of globalization [J]. Journal of the American Society for Information Science and Technology, 2013, 64 (11): 2317-2325.

[155] 李培凤，马瑞敏．三螺旋协同创新的体制机制国际比较研究——以生物化学学科群为例 [J]．研究与发展管理，2015，27 (4)：85-92.

[156] Aguiar-Díaz I, Díaz-Díaz N L, Ballesteros-Rodríguez J L, De Sáa-Pérez P. University-industry relations and research group production: is there a bidirectional relationship? [J]. Industrial and Corporate Change, 2015, 25 (4): 611-632.

[157] Banal-Estanol A, Jofre-Bonet M, Lawson C. The double-

edged sword of industry collaboration：Evidence from engineering academics in the UK [J]. Research Policy，2015，44（6）：1160-1175.

[158] Rentocchini F，D'Este P，Manjarres-Henriquez L，Grimaldi R. The relationship between academic consulting and research performance：Evidence from five Spanish universities [J]. International Journal of Industrial Organization，2014（32）：70-83.

[159] Lee Y S. The sustainability of university-industry research collaboration：An empirical assessment [J]. The Journal of Technology Transfer，2000，25（2）：111-133.

[160] Welsh R，Glenna L，Lacy W，Biscotti D. Close enough but not too far：Assessing the effects of university-industry research relationships and the rise of academic capitalism [J]. Research Policy，2008，37（10）：1854-1864.

[161] 朱桂龙．产学研与企业自主创新能力提升 [J]. 科学学研究，2012，30（12）：5-6.

[162] 方刚，周青，杨伟．产学研合作到协同创新的研究脉络与进展——基于文献计量分析 [J]. 技术经济，2016，35（10）：26-33.

[163] Perkmann M，Tartari V，McKelvey M，Autio E，Brostrom A，D'Este P，Fini R，Geuna A，Grimaldi R，Hughes A，Krabel S，Kitson M，Llerena P，Lissoni F，Salter A，Sobrero M. Academic engagement and commercialisation：A review of the literature on university-industry relations [J]. Research Policy，2013，42（2）：423-442.

[164] 张艺，朱桂龙，陈凯华．产学研合作国际研究：研究现状与知识基础 [J]. 科学学与科学技术管理，2015，36（9）：

62-70.

[165] Lincoln T A M. Problems and rewards in university-industry cooperative research [J]. Archives of Environmental Health, 1966, 12 (4): 452-456.

[166] Schartinger D, Rammer C, Fischer M M, Frohlich J. Knowledge interactions between universities and industry in Austria: sectoral patterns and determinants [J]. Research Policy, 2002, 31 (3): 303-328.

[167] Laursen K, Reichstein T, Salter A. Exploring the Effect of Geographical Proximity and University Quality on University-Industry Collaboration in the United Kingdom [J]. Regional Studies, 2011, 45 (4): 507-523.

[168] Bozeman B, Gaughan M. Impacts of grants and contracts on academic researchers' interactions with industry [J]. Research Policy, 2007, 36 (5): 694-707.

[169] Perkmann M, Walsh K. The two faces of collaboration: impacts of university-industry relations on public research [J]. Industrial and Corporate Change, 2009, 18 (6): 1033-1065.

[170] Cohen W M, Nelson R R, Walsh J P. Links and impacts: The influence of public research on industrial R&D [J]. Management Science, 2002, 48 (1): 1-23.

[171] George G, Zahra S A, Wood D R. The effects of business-university alliances on innovative output and financial performance: a study of publicly traded biotechnology companies [J]. Journal of Business Venturing, 2002, 17 (6): 577-609.

[172] Fabrizio K R. The use of university research in firm innovation

[M] //Chesbrough H, Vanhaverbeke W, West J. Open Innovation: Researching a New Paradigm. Oxford; Oxford University Press. 2006: 134-160.

[173] Freitas I M B, Marques R A, Silva E M D P E. University-industry collaboration and innovation in emergent and mature industries in new industrialized countries [J]. Research Policy, 2013, 42 (2): 443-453.

[174] Mazzoleni R, Nelson R R. Public research institutions and economic catch-up [J]. Research Policy, 2007, 36 (10): 1512-1528.

[175] 陈彩虹．产学研合作网络与学者绩效关系研究 [D]. 广州：华南理工大学，2015.

[176] Hussler C, Picard F, Tang M F. Taking the ivory from the tower to coat the economic world: Regional strategies to make science useful [J]. Technovation, 2010, 30 (9-10): 508-518.

[177] Mindruta D. Value creation in university-firm research collaborations: A matching approach [J]. Strategic Management Journal, 2013, 34 (6): 644-665.

[178] 张艺，陈凯华，朱桂龙．产学研合作与后发国家创新主体能力演变——以中国高铁产业为例 [J]. 科学学研究，2018，36 (10)：227-244.

[179] Ponds R, van Oort F, Frenken K. Innovation, spillovers and university-industry collaboration: an extended knowledge production function approach [J]. Journal of Economic Geography, 2010, 10 (2): 231-255.

[180] 樊霞，陈丽明，刘炜．产学研合作对企业创新绩效影响

的倾向得分估计研究——广东省部产学研合作实证［J］. 科学学与科学技术管理，2013，34（2）：63-69.

［181］李成龙，刘智跃．产学研耦合互动对创新绩效影响的实证研究［J］. 科研管理，2013，34（3）：23-30.

［182］陈彩虹，朱桂龙．产学研合作中社会资本对学者绩效的影响研究［J］. 科学学与科学技术管理，2014（10）：85-93.

［183］许春，许锋．应用研究是否以牺牲学术研究为代价——基于大学教授的个体实证分析［J］. 科技进步与对策，2013，30（8）：146-152.

［184］张艺，陈凯华，朱桂龙．中国科学院产学研合作网络特征与影响［J］. 科学学研究，2016，34（3）：404-417.

［185］Stokes D E. Pasteur's quadrant：Basic science and technological innovation［M］. Washington DC：Brookings Institution Press，1997.

［186］Larsen M T. The implications of academic enterprise for public science：An overview of the empirical evidence［J］. Research Policy，2011，40（1）：6-19.

［187］Azoulay P，Ding W，Stuart T. The impact of academic patenting on the rate，quality and direction of（public）research output［J］. The Journal of Industrial Economics，2009，57（4）：637-676.

［188］Gulbrandsen M，Smeby J C. Industry funding and university professors' research performance［J］. Research Policy，2005，34（6）：932-950.

［189］Lee Y S. "Technology transfer" and the research university：a search for the boundaries of university-industry collaboration［J］. Research Policy，1996，25（6）：843-863.

[190] Webster A. University-Corporate Ties and the Construction of Research Agendas [J]. Sociology, 1994, 28 (1): 123-142.

[191] Cyert R M, Goodman P S. Creating effective University-industry alliances: An organizational learning perspective [J]. Organizational Dynamics, 1997, 25 (4): 45-57.

[192] Fabrizio K R, Minin A D. Commercializing the laboratory: Faculty patenting and the open science environment [J]. Social Science Electronic Publishing, 2008, 37 (5): 914-931.

[193] Lowe R A, Gonzalezbrambila C. Faculty entrepreneurs and research productivity [J]. The Journal of Technology Transfer, 2007, 32 (3): 173-194.

[194] Thursby J G, Thursby M C. University licensing [J]. Oxford Review of Economic Policy, 2007, 23 (4): 620-639.

[195] Stephan P E, Gurmu S, Sumell A J, Black G. who's patenting in the university? evidence from the survey of doctorate recipients [J]. Economics of Innovation and New Technology, 2007, 16 (2): 71-99.

[196] Walsh J P, Cohen W M, Cho C. Where excludability matters: Material versus intellectual property in academic biomedical research [J]. Research Policy, 2007, 36 (8): 1184-1203.

[197] Murray F, Stern S. Do formal intellectual property rights hinder the free flow of scientific knowledge?: An empirical test of the anti-commons hypothesis [J]. Journal of Economic Behavior & Organization, 2005, 63 (4): 648-687.

[198] Nelson R R. The market economy, and the scientific commons [J]. Research Policy, 2003, 33 (3): 455-471.

[199] Blumenthal D, Campbell E G, Causino N, Louis K S. Participation of life-science faculty in research relationships with industry [J]. New England Journal of Medicine, 1996, 335 (23): 1734-1739.

[200] Lin M-W, Bozeman B. Researchers' industry experience and productivity in university-industry research centers: A "scientific and technical human capital" explanation [J]. The Journal of Technology Transfer, 2006, 31 (2): 269-290.

[201] Burt R S. Structural Holes: The Social Structure of Competition [M]. Cambridge, MA: Harvard University Press, 1992.

[202] Abbasi A, Altmann J, Hossain L. Identifying the effects of co-authorship networks on the performance of scholars: A correlation and regression analysis of performance measures and social network analysis measures [J]. Journal of Informetrics, 2011, 5 (4): 594-607.

[203] Gonzalez-Brambila C N, Veloso F M, Krackhardt D. The impact of network embeddedness on research output [J]. Research Policy, 2013, 42 (9): 1555-1567.

[204] He Z L, Geng X S, Campbell-Hunt C. Research collaboration and research output: A longitudinal study of 65 biomedical scientists in a New Zealand university [J]. Research Policy, 2009, 38 (2): 306-317.

[205] Gulati R, Gargiulo M. Where do interorganizational networks come from? [J]. American journal of sociology, 1999, 104 (5): 1439-1493.

[206] Paruchuri S. Intraorganizational networks, interorganizational networks, and the impact of central inventors: A longitudinal study of pharmaceutical firms [J]. Organization Science, 2010, 21 (1): 63-80.

[207] Martin G, Gözübüyük R, Becerra M. Interlocks and firm

performance：The role of uncertainty in the directorate interlock-performance relationship [J]. Strategic Management Journal，2015，36 (2)：235-253.

[208] Cantner U，Rake B. International research networks in pharmaceuticals：Structure and dynamics [J]. Research Policy，2014，43 (2)：333-348.

[209] Guan J，Zhang J，Yan Y. The impact of multilevel networks on innovation [J]. Research Policy，2015，44 (3)：545-559.

[210] Guan J C，Zuo K R，Chen K H，Yam R C M. Does country-level R&D efficiency benefit from the collaboration network structure? [J]. Research Policy，2016，45 (4)：770-784.

[211] 王文平，王为东，张晓玲．集群企业创新绩效生成的结构——行为路径研究 [J]. 管理学报，2011，8 (10)：1530-1540.

[212] 窦红宾，王正斌．网络结构对企业成长绩效的影响研究——利用性学习、探索性学习的中介作用 [J]. 南开管理评论，2011，14 (3)：15-25.

[213] 蔡彬清，陈国宏．链式产业集群网络关系、组织学习与创新绩效研究 [J]. 研究与发展管理，2013，25 (4)：126-133.

[214] Lissoni F. Academic inventors as brokers [J]. Research Policy，2010，39 (7)：843-857.

[215] 党兴华，孙永磊．技术创新网络位置对网络惯例的影响研究——以组织间信任为中介变量 [J]. 科研管理，2013，34 (4)：1-8.

[216] Liu C-H. The effects of innovation alliance on network structure and density of cluster [J]. Expert Systems with Applications，2011，

38 (1): 299-305.

[217] 赵爽. 网络特征与产学研合作创新绩效关系的实证研究 [J]. 大连大学学报, 2014 (4): 114-118.

[218] 陈子凤, 官建成. 合作网络的小世界性对创新绩效的影响 [J]. 中国管理科学, 2009, 17 (3): 115-120.

[219] Ozbugday F C, Brouwer E. Competition law, networks and innovation [J]. Applied Economics Letters, 2012, 19 (8): 775-778.

[220] Beaudry C, Schiffauerova A. Impacts of collaboration and network indicators on patent quality: The case of Canadian nanotechnology innovation [J]. European Management Journal, 2011, 29 (5): 362-376.

[221] Broekel T, Boschma R. Knowledge networks in the Dutch aviation industry: the proximity paradox [J]. Journal of Economic Geography, 2012, 12 (2): 409-433.

[222] Døving E, Gooderham P N. Dynamic capabilities as antecedents of the scope of related diversification: the case of small firm accountancy practices [J]. Strategic Management Journal, 2008, 29 (8): 841-857.

[223] Graf H. Gatekeepers in Regional Networks of Innovators [J]. Cambridge Journal of Economics, 2011, 35 (1): 173-198.

[224] 张华, 郎淳刚. 以往绩效与网络异质性对知识创新的影响研究——网络中心性位置是不够的 [J]. 科学学研究, 2013, 31 (10): 1581-1589.

[225] Gilsing V, Nooteboom B, Vanhaverbeke W, Duysters G, Oord A. Network embeddedness and the exploration of novel technologies: Technological distance, betweenness centrality and density [J]. Research

Policy，2008，37（10）：1717-1731.

［226］刘丹，闫长乐．协同创新网络结构与机理研究［J］．管理世界，2013（12）：1-4.

［227］Guan J，Zhao Q. The impact of university-industry collaboration networks on innovation in nanobiopharmaceuticals［J］. Technological Forecasting and Social Change，2013，80（7）：1271-1286.

［228］卢艳秋，叶英平．产学研合作中网络惯例对创新绩效的影响［J］．科研管理，2017，38（3）：11-17.

［229］其格其，高霞，曹洁琼．我国ICT产业产学研合作创新网络结构对企业创新绩效的影响［J］．科研管理，2016，37（专刊）：110-115.

［230］张艺，孟飞荣，朱桂龙．海洋战略性新兴产业的产学研合作网络：特征、演化和影响［J］．技术经济，2019，38（2）：40-51.

［231］黄盛，周俊禹．我国海洋生物医药产业集聚发展的对策研究［J］．经济纵横，2015（7）：44-47.

［232］国家知识产权局规划发展司．海洋生物药物技术专利态势分析报告［M］．北京：国家知识产权局，2015.

［233］Rinia E J，Van Leeuwen T N，Van Vuren H G，Van Raan A F. Comparative analysis of a set of bibliometric indicators and central peer review criteria：Evaluation of condensed matter physics in the Netherlands［J］. Research policy，1998，27（1）：95-107.

［234］Braun T，Schubert A. A quantitative view on the coming of age of interdisciplinarity in the sciences 1980-1999［J］. Scientometrics，2003，58（1）：183-189.

［235］仲雯雯．国内外战略性海洋新兴产业发展的比较与借鉴［J］．中国海洋大学学报（社会科学版），2013（3）：12-16.

［236］付秀梅，陈倩雯，王东亚，王娜．我国海洋生物医药研究成果产业化国际合作机制研究［J］．太平洋学报，2015，23（12）：93-102.

［237］Kamimura H，Yamamoto I. Studies on Nicotinoids as Insecticides［J］. Agricultural and Biological Chemistry，1963，27（6）：450-453.

［238］仲雯雯．我国战略性海洋新兴产业发展政策研究［D］．青岛：中国海洋大学，2011.

［239］Synold T W，Dussault I，Forman B M. The orphan nuclear receptor SXR coordinately regulates drug metabolism and efflux［J］. Nature Medicine，2001，7（5）：584-590.

［240］Spek A L. Structure validation in chemical crystallography［J］. Acta Crystallographica Section D-Biological Crystallography，2009（65）：148-155.

［241］Frame J D. Mainstream research in Latin America and Caribbean［J］. Interciencia，1977，2（2）：143-148.

［242］Schubert A，Braun T. Relative indicators and relational charts for comparative assessment of publication output and citation impact［J］. Scientometrics，1986，9（5-6）：281-291.

［243］张俊艳，祝文超．基于文献计量分析的985高校创业教育研究评价［J］．科研管理，2013，34（S1）：252-258.

［244］岳洪江，刘思峰，梁立明．我国对技术创新的关注与研究——基于24年的文献计量分析［J］．科研管理，2008，29（3）：43-52.

[245] Qiu H, Chen Y F. Bibliometric analysis of biological invasions research during the period of 1991 to 2007 [J]. Scientometrics, 2009, 81 (3): 601-610.

[246] Glänzel W, Danell R, Persson O. The decline of Swedish neuroscience: Decomposing a bibliometric national science indicator [J]. Scientometrics, 2003, 57 (2): 197-213.

[247] Garg K C. Scientometrics of laser research in India and China [J]. Scientometrics, 2002, 55 (1): 71-85.

[248] Guan J, Ma N. A comparative study of research performance in computer science [J]. Scientometrics, 2004, 61 (3): 339-359.

[249] Guan J, Ma N. A bibliometric study of China's semiconductor literature compared with other major asian countries [J]. Scientometrics, 2007, 70 (1): 107-124.

[250] Pavitt K. Public Policies to Support Basic Research: What Can the Rest of the World Learn from US Theory and Practice? (And What They Should Not Learn) [J]. Industrial & Corporate Change, 2001, 10 (3): 761-779.

[251] 张艺，许治，朱桂龙．协同创新的内涵、层次与框架 [J]. 科技进步与对策，2018，35 (18)：20-28.

[252] 赵长轶，曾婷，顾新．产学研联盟推动我国战略性新兴产业技术创新的作用机制研究 [J]. 四川大学学报（哲学社会科学版），2013 (3)：47-52.

[253] 刘晖，刘轶芳，乔晗，胡毅，程伟，易香华．我国战略性新兴产业创新驱动发展路径研究——基于北京市生物医药行业的经验总结 [J]. 管理评论，2014，26 (12)：20-28.

［254］王宏起，苏红岩，武建龙．战略性新兴产业空间布局方法及其应用研究［J］．中国科技论坛，2013，1（4）：28-34.

［255］Wright G. Marine governance in an industrialised ocean：a case study of the emerging marine renewable energy industry［J］．Marine Policy，2015，（52）：77-84.

［256］Wright G，O'Hagan A M，de Groot J，Leroy Y，Soininen N，Salcido R，Castelos M A，Jude S，Rochette J，Kerr S. Establishing a legal research agenda for ocean energy［J］．Marine Policy，2016，（63）：126-134.

［257］Agnihotri A. Extending boundaries of blue ocean strategy［J］．Journal of Strategic Marketing，2016，24（6）：519-528.

［258］Wright G. Strengthening the role of science in marine governance through environmental impact assessment：a case study of the marine renewable energy industry［J］．Ocean & coastal management，2014，（99）：23-30.

［259］Johnson K，Kerr S，Side J. Marine renewables and coastal communities—Experiences from the offshore oil industry in the 1970s and their relevance to marine renewables in the 2010s［J］．Marine Policy，2013（38）：491-499.

［260］Løvdal N，Neumann F. Internationalization as a strategy to overcome industry barriers—An assessment of the marine energy industry［J］．Energy policy，2011，39（3）：1093-1100.

［261］MacGillivray A，Jeffrey H，Winskel M，Bryden I. Innovation and cost reduction for marine renewable energy：A learning investment sensitivity analysis［J］．Technological Forecasting and Social Change，2014

(87)：108-124.

［262］丁莹莹，宣琳琳．我国海洋能产业产学研合作创新网络的实证研究——基于网络结构的视角［J］．工业技术经济，2015，34（5）：29-40.

［263］谢子远，孙华平．基于产学研结合的海洋科技发展模式与机制创新［J］．科技管理研究，2013，33（9）：44-47.

［264］刘洪昌，刘洪．创新双螺旋视角下战略性海洋新兴产业培育模式与发展路径研究——以江苏省为例［J］．科技管理研究，2018，38（14）：131-139.

［265］林凤梅．湛江市海洋新兴产业培育机制研究［D］．湛江：广东海洋大学，2015.

［266］Zhang Y，Chen K，Fu X. Scientific effects of Triple Helix interactions among research institutes，industries and universities［J］. Technovation，2019（86-87）：33-47.

［267］李海波，李苗苗．中国战略性新兴产业创新集聚发展机制——以淄博市新型功能陶瓷材料产业为例［J］．技术经济，2016，35（7）：97-102.

［268］陈鲁夫，邵云飞．“钻石模型”视角下战略性新兴产业创新绩效影响因素的实证研究——以新一代信息产业为例［J］．技术经济，2017，36（2）：1-7+116.

［269］何地，白晰．复杂网络视角下中国装备制造业创新网络研究［J］．工业技术经济，2018，37（3）：12-19.

［270］张闯．管理学研究中的社会网络范式：基于研究方法视角的12个管理学顶级期刊（2001~2010）文献研究［J］．管理世界，2011（7）：154-163.

[271] Glänzel W, Schubert A. Analysing Scientific Networks Through Co-Authorship [M]. Netherlands: Springer 2004.

[272] Wagner C S. The new invisible college: science for development [M]. Washington, DC: Brookings Institution Press, 2008.

[273] Abbasi A, Hossain L, Leydesdorff L. Betweenness centrality as a driver of preferential attachment in the evolution of research collaboration networks [J]. Journal of Informetrics, 2012, 6 (3): 403-412.

[274] Milojevic S. Modes of Collaboration in Modern Science: Beyond Power Laws and Preferential Attachment [J]. Journal of the American Society for Information Science and Technology, 2010, 61 (7): 1410-1423.

[275] 吴卫红，陈高翔，张爱美．互信息视角的政产学研资协同创新四螺旋实证研究 [J]. 科技进步与对策，2018，35 (6)：21-28.

[276] Borgatti S P, Everett M G, Freeman L C. Ucinet for Windows: Software for Social Networ Analysis [M]. Lexington, KY: Analytic Technologies, 2002.

[277] Gulati R, Sytch M, Tatarynowicz A. The Rise and Fall of Small Worlds: Exploring the Dynamics of Social Structure [J]. Organization Science, 2012, 23 (2): 449-471.

[278] 李雨浓，王博，张永忠，姚星．校企专利合作网络的结构特征及其演化分析——以“985 高校”为例 [J]. 科研管理，2018，39 (3)：132-140.

[279] McFadyen M A, Semadeni M, Cannella Jr A A. Value of strong ties to disconnected others: Examining knowledge creation in bio-

medicine [J]. Organization science, 2009, 20 (3): 552-564.

[280] 唐青青，谢恩，梁杰．知识深度、网络特征与知识创新：基于吸收能力的视角 [J]. 科学学与科学技术管理，2018，39 (1)：55-64.

[281] 赵炎，王琦．联盟网络的小世界性对企业创新影响的实证研究——基于中国通信设备产业的分析 [J]. 中国软科学，2013 (4)：108-116.

[282] 赵炎，王琦，郑向杰．网络邻近性、地理邻近性对知识转移绩效的影响 [J]. 科研管理，2016，37 (1)：128-136.

[283] 张艺，龙明莲，朱桂龙．产学研合作网络对学研机构科研团队学术绩效的影响路径研究 [J]. 管理学报，2018，15 (10)：1011-1018.

[284] 张艺，陈凯华，朱桂龙．学研机构科研团队参与产学研合作有助于提升学术绩效吗？[J]. 科学学与科学技术管理，2018，39 (10)：125-137.

[285] 张艺，龙明莲，朱桂龙．科研团队参与产学研合作对学术绩效的影响路径研究 [J]. 外国经济与管理，2018 (12)：71-83.

[286] 吴慧，顾晓敏．产学研合作创新绩效的社会网络分析 [J]. 科学学研究，2017，35 (10)：1578-1586.

[287] Perry-Smith J E. Social Yet Creative: The Role of Social Relationships in Facilitating Individual Creativity [J]. Academy of Management Journal, 2006, 49 (1): 85-101.

[288] Perrysmith J E, Shalley C E. The social side of creativity: A static and dynamic social network perspective [J]. Academy of Management Review, 2002, 28 (1): 89-106.

[289] 刘璐．企业外部网络对企业绩效影响研究 [D]. 济南：

山东大学，2009.

［290］Landry R，Amara N，Lamari M. Does social capital determine innovation? To what extent? ［J］. Technological forecasting and social change，2002，69（7）：681-701.

［291］顾琴轩，王莉红．人力资本与社会资本对创新行为的影响——基于科研人员个体的实证研究［J］. 科学学研究，2009，27（10）：1564-1570.

［292］张艺，龙明莲，朱桂龙．产学研合作网络对学研机构科研团队的学术绩效影响——知识距离的调节作用［J］. 科技管理研究，2018，38（21）：113-123.

［293］张艺，龙明莲．产学研合作网络、组织学习与知识创新的影响机制研究——基于“双一流”大学的学术团队多案例研究［J］. 黑龙江高教研究，2018，36（12）：64-70.

［294］Bonacich P. Power and centrality-a family of measures ［J］. American Journal of Sociology，1987，92（5）：1170-1182.

［295］Podolny J M. A status-based model of market competition ［J］. American Journal of Sociology，1993，98（4）：829-872.

［296］Baum J A C，Calabrese T，Silverman B S. Don't go it alone：Alliance network composition and startups' performance in Canadian biotechnology ［J］. Strategic Management Journal，2000，21（3）：267-294.

［297］Lavie D，Drori I. Collaborating for Knowledge Creation and Application：The Case of Nanotechnology Research Programs ［J］. Organization Science，2012，23（3）：704-724.

［298］Hansen M T. The Search-Transfer Problem：The Role of Weak Ties in Sharing Knowledge across Organization Subunits ［J］. Administrative Science Quarterly，1999，44（1）：82-111.

人名索引

重要术语索引

J

K

N

S

W

X

Y

Z